SCIENCE

岩波科学ライブラリー 279

科学者の社会的責任

藤垣裕子

岩波書店

はじめに

「科学者の社会的責任」と聞いて、読者の皆さんは何を思い浮かべるだろうか。二〇一一年の東日本大震災後の原子力発電所事故を防げなかった責任やその後の対応への責任を思い浮かべるひともいるだろう。ある一定の年齢以上のひとは、第二次世界大戦終結直前の広島・長崎への原爆投下に対し、物理学者たちが抱いた責任感のことを思い浮かべるかもしれない。原子核エネルギーを解放してしまった責任、そしてそれが殺戮の道具に使われてしまったことへの責任感である。

一方で先日、工学系の若い大学院生と話をしたところ、「科学者の社会的責任はここ十数年、急に言われるようになったという印象をもっている」という意見を得た。この印象は、近年研究不正に焦点があてられ、研究不正をしないことが科学者の責任であるという言説が多くみられることに起因している。また、二〇〇九年に行われた事業仕分けで、物理学の最先端研究がなぜ必要なのか説明が求められたことも記憶に新しい。税金が最先端研究に投入されねばならない理由について、科学者共同体が共同体の外に対して説明責任を求められたのである。

現在、科学者の社会的責任は、物理学者の責任論だけに限られるものではなく、バイオテクノロジー関係の諸科学、食品や薬品の安全にかかわるもの、温暖化予測にかかわる科学の諸分野、各種災害にかかわるもの、軍事研究に発展しうる情報技術や認知科学の最先端研究などと対象領域も広い。しかも、社会全体としてよい方向にむかうにはどういうしくみが必要かについての展望が必要となってきている。このように時代ごとに変遷してきた社会的責任論はどう整理できるだろうか。

本書は、科学者集団にとっての責任をどのように整理するかの枠組みを示し、後に説明する不確実性下の責任もふくめて、科学や技術の研究をふくんだシステムをどう再編していけば日本が世界のなかで責任を果たしているとみなされるのかを考えていく。欧州連合におけるＲＲＩ（責任ある研究とイノベーション）概念を援用しながら、これからの科学者の社会的責任について考えていこう。

目次

1　社会的存在としての科学者

そもそも科学者(scientist)という概念ができたのは一九世紀、一八四〇年ごろであるとされる。[1] この語の造語のありかたや概念そのものに対してイギリスの知識人から批判がでたという逸話があるように、当時は専門的・職業的な科学者というイメージは、社会に浸透していなかった。[2] その後一九世紀を通じて、学問の専門分化と科学者の職業化が並行して進み、社会の不可欠な一部として科学は社会に組み込まれて機能していく。学問の制度化によって一般社会に科学者という概念が定着したのである。科学の専門分化に対応して、学会が次々と設立され、学会誌もそれぞれ創刊された。

二〇世紀半ばになると、科学者たちは、社会の中で他と区別できるいくつかの特徴をもった集団を形成しているとして認知されるようになる。社会学者マートンは、科学者集団とよばれるこの集団のもつ四つの規範として、知識の公有性、普遍性、公平無私、そして系統的懐疑を掲げた。[3] この四つはそれぞれ、科学者集団はその知識を公のものとして共有すること、その知識には普遍性があること、私的利益のためではなく知識を生産すること、常にその知識の妥当性・普遍性に対して疑いをもって更新していく精神をもつことを指す。

それでは具体的に、科学者集団とは何を指すのだろうか。一口に科学者集団と言っても、学会レベルもあるし、学会の上にある学協会や学術会議、また国際会議もある。あるいは研究者が所属する大学、研究所レベルを指すこともあるし、個別の研究室を指す場合もあろう。このように科学者集団といっても、さまざまな集団単位が想定できる。そのなかで特に知識生産の要となるのは、専門ジャーナルの共同体である。

ジャーナル共同体とは、専門誌の編集・投稿・査読活動を行う共同体を指す[(4)]。そしてジャーナル共同体は、科学の知識生産にとって以下の四つの点で重要である。第一に、科学者によって生産された知識は、信頼ある専門誌にアクセプト(掲載許諾)されることによって、その妥当性が保証される(妥当性保証)。第二に、科学者の業績は、専門誌に印刷され、公刊(publish)されることによって評価される(研究者の評価)。第三に、科学者の後進の育成は、専門誌にアクセプトされる論文を書く教育をすることからはじまる(次世代の育成)。第四に、科学者の研究を支える予算と地位の獲得は、主に専門誌共同体にアクセプトされた論文の本数と質によって判断される(次の研究のための社会資本の基盤)。

このようにジャーナル共同体は、科学的知識の生産における品質の保証、評価、後進の育成、予算の獲得に大きな役割を果たす。この共同体の維持によって科学者集団の自律性が保たれ、共同体内部で完結して活動できるのである。品質保証や評価には共同体外部の人間はほとんどかかわらないという慣習が保たれてきた。評価のトップにおかれているのがノーベル賞であるが、これも主にジャーナルに掲載された論文と、その論文を引用して展開された論文群によって評価される。したがって、研究不正が発生したときの責任問題は、このジャーナル共同体内部に発生する。技術研究では、この種のジャーナルは科学研究ほどの重要性をもたない。技術開発では、専門誌に掲載された知識よりも、目の前に人工物を作り上げることのほうが大事だからである[5]。

さて、研究は基本的には研究者の自発的興味に従って行われる。とりわけ第二次大戦後すぐには、国家の発展は科学の発展に支えられるとされ、科学研究に多くの予算が投入されることが是とされた[6]。しかし、研究費は無尽蔵ではない。限られた資源(多くは税金から出される)をどのように分配するかが欧州と米国を中心に問題となりはじめたのが一九八〇年代である。

日本では一九九五年の科学技術基本法および科学技術基本計画策定によって、当初のうち科学技術関連の予算は増大したが、すべての分野で研究費増大というわけにはいかなくなった。研究費を投入する分野の選択と集中という議論がでてきた二〇〇〇年代に、ジャーナル共同体の外からの評価が行われるようになってくる。専門誌共同体内部での評価と、共同体の外からの評価は、一致するとは限らない。たとえば、二〇〇九年の事業評価の際、「一番でなければだめですか」という言葉が有名となった。科学者共同体の内部では、最初に法則や知見を見出したひとに敬意が払われ、そのひとの業績として論文が掲載され、他者から引用される。そのため、一番でなければ意味がないのである。しかし、その研究に研究費を提供する側からすると、一番であることにそれだけの金額を投入する意義があるのか、その研究が国民の生活をどれだけよくしてくれるのかといったことが問題となる。事業評価は、科学者共同体内部の評価と外部の評価の間にずれがあることを誰の目にも明らかにしたと言えよう。

科学者集団が社会に果たす責任

それでは、社会は科学者集団に何を望んでいて、科学者集団は社会に対してどのような責任を負っていると考えればよいのだろうか。考えるための手がかりとして、この問題を歴史的に整理した資料を参考にしよう。この分野で信頼できる辞典である『科学・技術・倫理百科事典』によると、戦後米国での科学者の社会的責任論の時代区分は、以下の三つのフェーズに分けられる(7)。

フェーズ1は、第二次世界大戦終結間際の原子爆弾投下にはじまる責任の認識である。一九五五年には、ラッセル＝アインシュタイン宣言がだされた。この宣言では、原子核エネルギーの解放によってもたらされる諸問題に対する科学者の社会的責任に注目している。一九五七年に開催された第1回パグウォッシュ会議は、冷戦と核軍拡競争の激化を憂慮した同宣言の精神にもとづき、東西の科学者たちによってカナダの寒村で開催された会議である。自分たちの作ってしまったもの（原爆と核兵器）が世界の平和に及ぼす影響を科学者の社会的責任として論じた。このようにフェーズ1の責任は、第二次世界大戦後に、核兵器開発の可能性のある原子核研究を民主的な管理のもとにおくことに焦点があてられていた。

フェーズ2は、一九六〇年代半ばから一九七〇年代の初頭にかけて、環境汚染問題がよく知られるようになったことによる責任の問いただしである。米国の海洋生物学者レイチェル・カーソンの著作『沈黙の春』（一九六二年）は、この問題についての初期の指摘であり、科学それ自体の内的な変革を求めている。原爆投下直後に原子物理学者たちの手によって「非軍事化と科学の民主的コントロール」が叫ばれたのがフェーズ1であるのに対し、そのような非軍事化と民主的コントロールだけでは緩和できない科学内部の問題が指摘されたのがフェーズ2である。

フェーズ1では科学の研究開発はあくまで善の側にあり、それを悪用するのを民主的コントロールによって防がねばならないという言い回しが可能であった(8)。それに対し、『沈黙の春』でなされた有機合成化学の最先端の問題についての指摘や、アシロマ会議で行われた組換えDNA研究の最先端の問題にかんする議論は、科学の研究開発そのものは善で悪用だけをコントロールすればよいというような素朴な二元論では解決できない問題が科学内部に潜んでいること、そして研究開発そのもののなかに地球環境の甚大な人為的変化を招いてしまう性質が埋め込まれていることを明らかにしたのである。

フェーズ3は、一九八〇年代以降、科学的産物（知識）に対する批判ではなく、科学的プロセス（方法）に対する批判としておこった。外部からの科学者共同体への批判がその中心をなしている。研究不正との関係で研究の産物だけでなく研究方法が注目され、かつ税金の投資対象としての科学の説明責任が問われたのがフェーズ3である。

以上のことから、科学者集団が社会に負う責任として、原爆のような社会に大きな影響を与える産物を民主的にコントロールする責任、科学内部に外界をとりかえしのつかないほど変化させてしまう性質が潜んでいることを認識する責任、そして研究方法をきちんと維持・管理する責任があることがわかる。第2章では、これらを別の角度から考えてみよう。

2 責任の三つの相

責任(responsibility)とは、他者に対して応答(response)する能力や可能性(ability)に由来する言葉である。倫理(ethics)が人間が何をすべきかについての規範であるのに対し、責任は、もう少し広く、他者に対する応答能力である。日常用語では、責任は何らかの行動や決定の結果について、行動者や決定者が「背負うもの」ととらえられる傾向が強い[1]。初期のパグウォッシュ会議に参加した科学者たちは、自分たちが作ってしまったもの(原爆と核兵器)について背負う責任を論じたのであって、彼らが原爆を作る前に従うべき規範について議論したわけではない。

しかし、昨今の倫理学における責任論では、責任を「過去に起こしてしまったものについて生じるもの」ととらえる見方だけでなく、元来の語義にもとづいて「応答可能性」「呼応可能性」といった形で解釈しようとする傾向が強い[2]。科学者の社会的責任論も、過去に科学技術が作ってしまったものについて生じるものから、市民からの問いかけへの応答可能性として定義されうるものが増えてきている。いま研究しているものの社会における位置づけを考えて説明責任を果たすという応答可能性や、いま研究しているものを公開し、わかりやすく説明するという応答可能性などである。

以上を考慮して科学者の社会的責任論を再整理してみると、次の三つの相による分類が可能となる。まず責任ある研究の実施（responsible-conduct）、つまり科学活動の品質の相がある。次に、責任ある生産物（responsible-products）、つまり科学活動の製造物責任の相がある。続いて、応答責任あるいは呼応責任（response-ability）、つまり科学者（人）が他者（人）と対峙した際の応答の相である。それぞれについて以下に説明していく。

第1相――責任ある研究の実施

第1相は、科学者共同体内部を律する責任であり、研究の自主管理と研究の自由に関連する責任論のことである。たとえば、「すべてのバイアスから自由であること」「一見わかりやすい説明が流通していても、それに反するいくつかの知見があるときは、目先のわかりやすさや利益にこころを奪われることなく、探求を続けなくてはならない」といった行動原則によってあらわされる責任である。研究の自由と自主性を守るためには、まずは自らを内部から律する必要がある。

このような共同体内部を律する責任について教育するために、全米科学アカデミーは、

『科学者をめざす君たちへ――科学者の責任ある行動とは』という冊子を一九八九年に出版している。これは全米で二〇万部以上が大学院や学部学生に配布され、授業やセミナーで使用された。六年後には、全米科学アカデミー、全米工学アカデミー、医学研究所の三団体によって、第2版が出版されている。[3] 第2版のまえがきには、「…科学そのものを特徴づけ、科学と社会との関係を特徴づけてきた高い「信頼性」こそ、今日の比類なき科学的生産力の時代をつくりだしてきたのである。しかしこのような信頼性は、科学者のコミュニティ自らが節度ある科学活動によって得た基準を、具体的に示し伝えていくことに努めなければ、維持できないことを心にとどめてほしい」とある。科学が社会との信頼関係を維持するために、コミュニティ内部を自ら律する必要性が強調されている。

日本では、日本学術会議が国内外で頻発する科学者の不正行為に強い危機感をもち、再発防止の対策をたてるために、科学者の行動規範に関する検討委員会を開き、二〇〇六年に声明「科学者の行動規範について」を策定した。第2章「科学者の行動規範」として、科学者の責任、科学者の行動、自己の研鑽、説明と公開、研究活動、研究環境の整備、法令遵守、研究対象などへの配慮、他者との関係、差別の排除、利益相反の各項目についてそれぞれ数行の説明がなされている。また、第3章「科学者の行動規範の自律的実現をめざして」では、組織の運営にあたる者の責任、研究倫理教育の必要性、研究グループの留意点、研究プロセスにおける留意点、研究上の不正行為等への対応、自己点検システムの確立、などの実施上の具体的取組みがまとめられている。

さらに、二〇一四年初頭のＳＴＡＰ細胞をめぐる騒動、および東京大学における複数の研究不正の発生を機に、文部科学省は、二〇一四年八月に、「研究活動の不正行為への対応等に関するガイドライン」を定め、不正を事前に防止する取組み、組織の管理責任の明確化、国による監視と支援についての見解をまとめている。このガイドラインは、これまで主に個人の責任と考えられていた研究不正の問題に対し、組織としての管理責任を問うことが強調されている。給与を得ている所属組織の管理責任を強化すべきなのか、それとも所属学会のような、より研究コミュニティの単位を意識した責任を強調すべきなのかについては、まだ議論の余地があるところである。また、ガイドラインにするのか、指針にするのか、法で罰則を設けるのか、といった議論もある[4]。このように組織をめぐる責任についての議論はまだはじまったばかりである。いずれにせよ、科学的知識の品質管理にかかわるこれらの問題は、基本的には科学者共同体内部を律する責任のなかに入る。

第2相――製造物責任

第二の責任として、科学技術が作ってしまったもの／作ろうとしているものの社会に及ぼす影響についての責任論がある。第１相で扱った責任が共同体内部を律するものであるのに対し、第2相で扱う責任は、その共同体の知的生産物の共同体外部に対する製造物責任である。たとえば、原子爆弾の世界への影響、遺伝子組換え技術によって作られた作物の健康や生態系への影響などが対象となる。パグウォッシュ会議の正式名称は、「科学と世界の諸問題に関するパグウォッシュ会議」で、すべての核兵器を廃絶することが目的となっており、科学技術(とくに原子核物理学)が作ってしまったものの社会に及ぼす影響を憂慮するものである。ラッセル卿とアインシュタインら一一名の著名な科学者による「ラッセル＝アインシュタイン宣言」における呼びかけによって創設され、一九五七年第1回会議が一一カ国二二人の科学者が参加してカナダのパグウォッシュ村で開催された。

また、遺伝子組換え技術の社会的影響に関しては、「アシロマ会議」が一九七五年に開催されている。一九七三年にコーエンとボイヤーによって遺伝子組換えの技術が確立された二年後、その潜在的リスクを懸念した研究者たちが米国カリフォルニア州アシロマで開いた会議である。この会議では、遺伝子組換え技術によって生態系や環境に悪影響を及ぼすものが開発された場合の「物理的封じ込め」「生物学的封じ込め」などのリスク管理について話し合われた。このアシロマ会議では、科学技術が作ってしまったものと同時に、これから作りつつあるものについての社会に対する責任も論じられている。

この第2相で焦点となるのは、研究の自由と、製造物責任を果たすための研究への規制(科学者自らの手による)との間にどうやっておりあいをつけていくかである。

さて、現代の生命倫理、環境倫理、技術倫理などの議論をみると、上記の第1相のような研究者コミュニティ内部を律する責任(行動規範)にとどまらず、今論じている第2相のような製造物責任に関する議論に広がっていることが観察される。たとえば、代理母をめぐる生命倫理では、技術的に可能なことの品質管理は第1相の議論になるが、技術的に可能であること(代理母出産)の社会における是非は第2相の問題である。第1相はあくまで研究者内部に閉じる形で、つまり全米科学アカデミーや日本学術会議に閉じる形で論じることができる。しかし、第2相になると、技術の社会における意味など、研究者内部にとどまらず、多くの利害関係者の意見を聞く必要がでてくる。代理母をめぐる議論であれば、技術をもつ産婦人科医のほか、代理母出産を望む患者、その家族、代理母を請け負うボランティア、産む権利を擁護する人権擁護論者、生まれてくる子供の人権を擁護する人権擁護論者で意見が異なる。これらの意見をもとに議論するのが第2相の製造物(ここでは代理母出産を可能とする生殖医療技術)責任である。このように、製造物責任になると、研究者コミュニティに閉じた形での議論ではなく、社会に広く議論をひらく必要がでてくるのである。研究者共同体のもつ閉鎖性に対し、批判的視点が必要となるだろう。

パグウォッシュ会議やアシロマ会議は、研究の自由と研究への規制とのおりあいを科学者自らが議論した。それに対し、現代の生命倫理や環境倫理の議論は、研究の自由と研究への規制との間にどうやっておりあいをつけていくかを、科学者のなかで閉じることなく社会の利害関係者とともに息長く議論することが必要となる。

第3相——応答責任

三つめの責任は、公共からの問いに答える応答責任である。これは、科学者集団がpublic（公衆）からの問いにさらされることによって生じるもので、共同体内部に閉じる形では果たすことができない責任を指す。たとえば市民からの「この研究はどのような形で社会に埋め込まれるのですか」という問いへの応答責任（社会的リテラシー）、「この研究は何の役にたつのですか」という問いへの応答責任（説明責任）、「それはどういう意味ですか」という問いへの応答責任（わかりやすく伝える責任）、「米国からの牛肉の輸入を再開するにあたってBSE（牛海綿状脳症）の危険を抑えるにはどのような判断基準が適正ですか」という問いへの応答責任（意思決定に用いられる科学の責任）、「あの報道に用いられた科学の根拠は適正ですか」という問いへの応答責任（報道に用いられる科学の責任）などがある。[5] 公共的な意思決定に用いられる科学の責任については第4章で独立に扱うが、本項ではそれ以外について順に説明する。

（1）　科学者の社会的リテラシー

科学者が社会的リテラシーをもつことは、市民からの問いかけへの応答可能性を支える条件である。社会的リテラシーとは、科学技術が社会に埋め込まれたとき、科学技術が社会のなかでどのように展開していくかという点に考えが及ぶ能力を指す。[6]具体的には、自分のやっている研究の社会における位置づけや、研究が社会に応用されたときにどのようなことが起こりうるかを考えられる能力、自分の出したデータがどのように一人歩きするのかについて考えられることなどである。ちなみに日本人として二人目のノーベル物理学賞受賞者である朝永振一郎は、東京大学原子核研究所を田無市に建設するにあたって、一九五〇年代に市民との対話を行っており、原子核研究の目的や意義を一般のひとに説明することの難しさをこの時点で語っている。[7]

さらに、社会的リテラシーのなかには、研究予算がどのようにして公的資金のなかから予算化されるのか、各国の研究予算の推移、予算配分の論理、科学技術系人材育成のゆくえ、理科教育のゆくえ、科学技術のガバナンスへの市民参加の現状、そして科学について市民がどのようなイメージをもっているか、などについての理解も含まれる。イギリスの科学技術社会論学者ウィンは、科学を public（公衆）が理解するとき、次の三つのレベルの理解を区別しなくてはならないと述べた。(1)知識の中身、(2)方法論、(3)知識が組織化される形式や制御、の三つである。[8]三つめのレベル、知識が組織化される形式や制御の理解とは、科学が社会のなかにどのように制度的に埋め込まれているかを理解し、科学を「社会のなかの一事業」として理解することに相当する。科学を「社会のなかの一事業」として理解することは、科学者のもつべき社会的リテラシーである。前述の『科学者をめざす君たちへ』の第12章「社会のなかの科学」ではこのことにも言及している。また、以下にのべる説明責任やわかりやすく説明する責任も、科学についての社会的リテラシーがあってこそ、効果的に果たせるものとなる。

（2）　説明責任

説明責任（accountability）は、アカウンティング（会計）とレスポンシビリティ（責任）の合成語であり、財務会計用語で会計責任のことである。アカウンタビリティは、会計主体が保有する資源の利用を認めてくれた利害関係者に対して負う責任のことであり、一般には会計主体である企業が株主等から委託された資金を企業の経営目的に適正な使途に配分し、その保全をしなければならない責任（財産保全責任）と、その事実や結果の状態を株主等に説明報告する責任（説明報告責任）をあらわす概念である。[9]この言葉が、一九九〇年代以降、国の公共事業への説明責任、国の科学技術への投資の説明責任、などの意味で用いられるようになってきている。

したがって、科学者の「アカウンタビリティ」（説明責任）とは、会計主体である科学者が保有する資源（研究資金）の利用を認めてくれた利害関係者（国民）に対して負う責任のことになる。会計主体である研究者が国民から委託された資金を研究目的に適正な使途に配分し、その保全をしなければならない責任と、その事実や結果の状態を国民に説明報告する責任をあらわす。したがって、公的資金を用いて研究することの意味を考え、適正な使途に配分し、その中身を納税者に説明する責任、という意味になる。パブリックサポートを得ている研究者が、その資源の利用を認めてくれたパブリックに対して負う責任である。「研究の自由と研究への規制との間にどうやっておりあいをつけているか」、そしてそのおりあいをどのようにパブリックに説明するか、についての議論もこれにふくまれる。

（3） わかりやすく説明する責任

最近では（2）の説明責任に加えて、わかりやすく説明する責任がよく指摘される。もともと説明責任＝公的資金をもらう意味を説明する責任であったが、最近はわかりやすく説明することが説明責任だという使われ方さえ見受けられる。いかに正しく伝えるか、どうしたら誤解されずにすむか、どうしたら科学に対するイメージのギャップや科学者と市民のコミュニケーションギャップが埋められるか、という問いである。これらの問いは、最近では科学者自身の口から聞かれることが多い。

たとえば、研究の実態と市民のもつ科学イメージとの間にはどのような差異があり、そのギャップの責任は誰にあるかなどの議論も「わかりやすく説明する責任」のなかに入る。以下に具体的に説明してみよう。われわれは、科学史で、「一九世紀においてはXが真実と考えられていたが、現在ではYが真実であると考えられている」という種類の記述をみても、驚きはしない。科学的な知識が書き換えられることを理解しているわけである。

ところが、科学と社会との接点で起きる問題となると、人々はしばしば「科学は常に正しいことを言っているはずなのに、どうして答えが換わるのか」と言って批判をしはじめる。たとえば水俣病の原因物質が有機水銀であることはすぐにわかったわけではない。一九五六年に水俣病患者が公式に発見されて以来、マンガン説、セレン説、タリウム説、など多くの説が報道された[10]。これは、科学は常に「作動中」であるということ、すなわち科学的知識が常に現在進行形で形成され、時々刻々作られ、書き換えられ、更新される、という性質からすると、まったく正常なことである[11]。ところが当時、原因物質が二転三転すると、「科学は常に正しいことを言っているはずなのに、答えがどうして二転三転するのか」と言って批判をし、ついには原因物質を探求している科学への信頼を失ってしまう人々がでてきた。

このような人々の反応から、市民のもつ科学のイメージとして、「科学は常に正しい」「いつでも確実で厳密な答えを提供してくれる」というものがあることがわかる。このイメージがあるからこそ、「確実で厳密な科学的知見にもとづいて決定しないといけない」「確実で厳密な科学的知見がでるまで原因特定してはいけない」ということになる。これらの言説は、科学的探究の現実の姿とは異なる。科学的な知見は常につくられつつあり、新しい事実や発見によって書き換わるというのが現実の姿である。「作動中の科学」というイメージを柔らかい科学観だとすれば、「いつでも確実で厳密な答えを提供してくれる」という科学観は、固い科学観と言える。水俣病や薬害エイズ対策やBSE対策などの遅れの一因には、固い科学観にもとづく右のイメージがある。これは行政だけでなく、一般市民も共有している。

このようなイメージのギャップをわかりやすい説明によって埋めるのも、科学者の責任の一つであろう。科学の公衆理解を研究している研究者のミラーらは、「現実の科学がどのように動いているのか」を理解する必要性を指摘している。[12] 科学研究のプロセスを説明し、科学者の日々の努力によって、時々刻々正しい知見が書き換えられ更新されていくプロセスを説明することである。そのことによって、科学に対するイメージのギャップを埋め、科学者と市民のコミュニケーションギャップを埋めることが可能となる。

（4） 報道に用いられる科学の責任

もう一つ市民からの問いかけへの呼応責任のなかに入ると考えられるのは、報道に用いられる科学の責任である。自分が研究する分野のデータの、メディアでの取り扱われ方についての責任ともいえる。[13] 二〇〇七年一月に「発掘！あるある大事典Ⅱ」の捏造をめぐって議論がおこったことから、歪曲報道についての議論も増えた。「あるある」問題は以下の三つの側面から、科学コミュニケーションに関する問題提起をしていると考えられる。

まず、報道する側の演出の問題である。これは「わかりやすさ」「面白さ」を過剰に追求することによって生まれる。「あるある」問題を扱った『ネイチャー』誌の記事は、番組の報道の具体例として、テンプル大学のシュヴァルツ博士が行った実験ではないものが、あたかも博士が行った実験のように報道されたこと、米国の大学に勤めるキム博士の言葉の上に、彼がまったく言ってない言葉が日本語でかぶせられていたこと、千葉科学大学の長村洋一教授（当時）がレタスをマウスに与える実験を番組制作者とともに実施し、マウスが眠らないことを確認したにもかかわらず、テレビでは眠った実験として紹介されたこと、などを紹介している。[14] これは確かに捏造にあたる。放送倫理に抵触する問題であろう。

しかし、この事件は、映像作成の際に「わかりやすさ」を過剰に追求したときに、故意の歪曲と、演出（わかりやすさの追求による正確さの低下）との間にグレーゾーンがあることにも警鐘を鳴らしている。専門用語ネットワークから日常用語ネットワークへ「わかりやすく」置き換えるプロセスでは、物質名、化学式、専門用語で表現された概念を日常用語に置き換えることによって、ある種の情報量が確実に減って「概念の精度」が落ち、比喩や対比により日常の文脈が追加される。「わかりやすく」することによって正確さが落ちることは、故意でなくても起きてしまうのである。メディアに携わる人間の報道や取材の倫理には、この点での考慮が必要となるだろう。

さらに、こうしたテレビ番組を見る一般のひとの批判力、疑う力の問題である。これは市民の科学リテラシー論と関係する。バーンズ、オコナー、そしてストックルマイヤーによる科学リテラシーの定義によると、「科学リテラシーとは、…科学的事柄に関して他人の主張を批判的に検討し、疑問をもち、質問し、証拠にもとづいて議論をし、環境問題や健康問題について十分な情報にもとづいた意思決定をすることができることを指す」[15]。データや実験を見せられても、それを批判的にみる力があれば、番組を疑うこともできる。実際、「発掘！あるある大事典」という番組を胡散臭いと考えていたひとも少なからずいたはずである。メディアによって「わかりやすく」加工されたものを鵜呑みにする視聴者を前提とし、この種の問題を報道関係者と取材された専門家だけの責任とするのでは、一般の視聴者の「受動」性が強調されすぎてしまうだろう。

最後に、こうした報道に対する専門家の責任を考えてみよう。『ネイチャー』の記事は、取材され発言を歪曲された専門家を、あくまで犠牲者であるとしたうえで、「研究者の発言が歪曲されると事態がいかに間違った方向に向かうかを指摘し、取材の危険性について科学者に警鐘を鳴らした[16]」としている。しかし同時にこの記事は、自分の実験を歪曲して報道された研究者のその後の行動についても言及している。一九九八年に自分の実験を間違って伝えられた日本の研究者は、番組制作会社やテレビ局に文句を言うことはしなかった。理由は、その研究者が、テレビ局に抗議することはばかげたことだと考えたためであった。その代わりに研究者は、学会や公開の討論の場で、間違って伝えられたことを問題とした。学会における聴衆の反応から、多くの科学者がこの番組を信用できない、疑わしいと考えていることが理解できたという。

　さて、報道に対して異議を直接申し立てる行動を、研究者が一九九八年に取らなかったことを、どのように考えたらよいのだろう。データを自ら捏造するのは、第１相の科学者共同体内部を律する責任と関係するのに対し、自らのデータが歪曲して伝えられることそのものについての責任は、市民からの問いかけへの呼応責任（第３相）と考えられる。今後このようなことが発生したとき、報道関係者に直接申し立てをする責任が科学者の側にあることが第３相の責任として問われるようになることも考えられるだろう。

三つの相のせめぎあい

　第１章で参照した『科学・技術・倫理百科事典』の扱う責任は、この三つの相のうちどれかに分類できる。論者によっては、第１相のみが大事であるという主張もある。たとえば、「科学者は、実験や研究の成果物に責任があるのではなく、研究を実施すること及びその結果を報告することに責任がある[17]」という主張である。それに対し、第１相だけではなく、第２相および第３相をふくんだ一般的道徳責任を科学者の責任とすべきだという主張もある。たとえば、「科学および技術の共同体の成員は、科学及び技術によって影響を受けるすべての人々及び他の生命の幸せに責任がある。それは一般的かつ恒常的な責務である[18]」などがそれにあたる。

最近社会的にも話題となる論文の捏造問題は、単純に考えると、第1相の専門誌共同体内部の責任に入ることが予想される。しかし、実際に捏造問題が起きたときの専門誌の編集委員会の対応や一般誌の対応を観察すると、共同体の内部で考えている査読システムと、外部が考える査読システムとの間にギャップがあることが示唆される。(19)

たとえば、二〇〇五年から二〇〇六年にかけて韓国のホワン教授によるヒトES細胞に関連する論文が捏造であることが発覚した際、『ネイチャー』誌の編集委員会は、「査読システムは論文に書かれていることは実際に真実であるという信頼の上に成り立っている。このことは書き留められるべきだろう。査読システムは、虚偽をふくんでいるようなごく一部の論文を検出するためにデザインされているわけではない(20)」と主張した。科学者は、投稿された論文に書かれていることは真実であるという前提のもとに、その論文が雑誌にふさわしいか否かを判断するのである。

しかし、査読システムの判断の結果は、共同体の外からみると、真偽のふるい分けをした結果と見られているのである。同論文の捏造が発覚した際、一般誌は、「科学ジャーナルは、虚偽の報告をふるい分けする、重要なゲートキーピング機能を果たす」と主張した(21)。この主張は、第2相のような共同体の外に対する知的生産物責任や、第3相のような市民からの問いかけへの応答可能性に関係している。ここで問いかけとは、「査読システムとは、科学者が真偽の境界をひいている行為ではないのですか[22]。もっと堅固なチェックシステムではないのですか」という問いかけである。実際、ホワン教授の不正発覚のあとでは、日本の新聞でも「ソウル大学を舞台にした捏造疑惑は…一流科学誌のチェック能力のなさという問題を浮き彫りにした」「権威ある雑誌のチェック体制が意外と脆弱なことは認識しておく必要がある」といった記述が見られた[23]。

ここで考えなくてはならないのは、第１章で扱ったジャーナル共同体がこのギャップにどう対応するのかということである。査読のときに虚偽の論文の検知までするように、査読システムを変えるべきかどうかの議論も『ネイチャー』誌でなされている[24]。論文だけでなく試料も提出させてはどうか、あるいは査読システムをビデオテープにとって公開してはどうかという議論も紹介されている[25]。それに対し、そもそも公衆が考えている「査読システム」への期待、あるいは「科学者が査読によって真偽の境界をひいている」という考えが、ただの幻想にすぎないことをきちんと説明し、両者のギャップを埋めていくことがジャーナル共同体の責任だという意見もある。これは第１相と第２および第３相の重なる領域の問いである。

さらに、事例によっては三つの相の間で葛藤が起きることもある。科学者の社会的責任は、市民（あるいは社会）との関係をどう構築するかによって影響を受ける。これらは、不確実性下の責任や後に取りあげるユニークボイスをめぐる議論にも関係する。本論点については第４章以降で再び扱うが、その前に次章では、日本の科学者の社会的責任論を概観しておこう。

3　科学の原罪論と役割責任
——日本における科学者の社会的責任論

本章では、日本における科学者の社会的責任論を考えてみる。まず物理学者の原罪意識をめぐる議論について考えてみよう。ノーベル物理学賞の受賞者である朝永振一郎は、一九七六年六月に共立出版創立五〇周年記念講演「物質科学にひそむ原罪」のなかで、以下のように述べている。

…そういうヨーロッパで生まれた科学を、私たちが自分のものとして扱うときには、もう一つのヨーロッパで生まれている、科学に対する恐れ、罪の意識、キリスト教のほうでいえば、パラダイスを追われたという「原罪」という考え方があるんだそうですけれども、そういうようなものも一緒に、心の中にもちながら、科学というものを考えていく必要があるんじゃないかと、そういう感じがいたします。

現に原爆の実験が成功したときに、オッペンハイマーが次のようなことをいっているんです。つまり、あまりにも核のエネルギーが巨大なことに、彼は非常なおどろきとおそれをもって、その実験が成功したときに、「物理学者は罪を知ってしまった。そして、それは、もはやなくすことのできない知識である」(The physicists have known sin ; and this is a knowledge which they cannot lose.) という言葉をはいたそうです。これは、さきほどのキリスト教の原罪の思想を、核の実験が成功したときに、オッペンハイマーがいやおうなしに思いだされたということだと思います。(1)

この文章のなかで朝永が引用している「物理学者たちは罪を知ってしまった」の部分のオッペンハイマーによる原文は、次のとおりである。

In some sort of crude sense which no vulgarity, no humor, no overstatement can quite extinguish, the physicists have known sin; and this is a knowledge which they cannot lose.(2)

原罪とは英語で original sin であるが、オッペンハイマー自身はただの sin という言葉を使っている。オッペンハイマーの罪という言葉を原罪の思想に結びつけて解釈したのは朝永であると考えられる。朝永はこの講演のなかで次のように述べる。人類は自然のなかにかくれている法則性をみつけようとして実験という手法を開発し、人工的な自然に変えるということとを行った。はじめは単に自然法則を知るためだけに自然を変えてみたのだが、だんだん人間の利益のために自然を変えるように変わってきた。つまり「知る」ということと「使う」ということが、切りはなせない状況になった。「原子力のようなまかりまちがえば非常におそろしいものが出てくる要素を自然科学がもっている」[3]ということは、ギリシャ神話のプロメテウスの話を例にみることができる。火を使うことを人間に教えたプロメテウスがゼウスから罰を受けるように、人間は自分が獲得した知識によって罰を受けることになる。また、旧約聖書のなかのアダムとイブが知恵の木の実を食べてエデンから追い払われる話も、人間が知識を獲得したために罰を受けるという考え方を暗示している。「科学というものの中には罰せられるような要素があるのだ」ということを忘れてはならないのだと[4]。

このように、朝永は科学のなかに「罰せられる要素」があるとしたうえで、それを原罪概念と結びつけて論じているのである[5]。この議論は、日本で初めて科学者以外で「科学者の社会的責任論」を書いた唐木順三から高く評価された。

…科学者たちは「核兵器は絶対悪なり」といふ判断、価値判断を、社会一般に対して下しながら、科学者自身に対しての、或ひはその研究対象、研究目的に対しての善悪の価値判断を表白することは稀である。物理学者が己が社会的、時代的責任を表白する場合、単に善悪の客観的判断ばかりでなく、自己責任の問題、「罪」の問題にまで触れるべきであるということが、現在のむしろ当然であり、そこから新しい視野が開かれるのではないか。[6]

この責任論をさらに深く考察するために、役割責任と一般的道徳責任の違いについて考えてみよう。

役割責任と一般的道徳責任

ハンス・レンクは、『科学・技術・倫理百科事典』のなかで、責任のタイプを行為責任／役割責任／一般的道徳責任に分類している。[7]ここで行為責任とは、自身の行為の結果や帰結に対して責任をもつことを指す。役割責任は、「役割を受け入れたり、任務をまっとうしたりする際、役割を負った人間は、役割を許容範囲内のかたちで、あるいは最良のかたちでまっとうするある種の責任を負う」と説明される。

それに対し一般的道徳責任は、核兵器や遺伝子操作技術などのように環境や人間を破壊する可能性をもつ技術の使用に関連して、ただ単に役割に関係したものではなく、高度科学技術社会のなかに生きているひとすべてに一般的にある責任を指す。最先端の科学技術によって、意図的あるいは非意図的な破壊があらわれる可能性がある社会のなかで生きているメンバーは、すべての人や生物の快適な暮らしに対して責任をもつというものである。

先に述べた朝永による物質科学の原罪論は、科学技術に関する文明論としてとらえることもできる。主語はあくまで「人類」であるので、朝永の原罪論は一般的道徳責任と考えられる。それに対し、朝永に引用されたオッペンハイマーの言葉の主語は、あくまで「物理学者」である。オッペンハイマーの言葉は物理学者の役割責任と考えることもできる。

科学者の社会的責任を議論する際、プロとしての責務か、それとも一人の人間としての良心か、というのはしばしば問われる問題である。プロとしての責務は役割責任であり、一人の人間としての良心は一般的道徳責任である。一九四五年に原爆が投下され、さらに一九五四年のビキニ水爆実験がおこなわれた直後のラッセル＝アインシュタイン宣言（一九五五年）では、原爆の悲惨さの前に「あなたの人道性（humanity）を忘れるな」と説く[8]。humanity は人として、人類の一員としての感情である。したがってこれは一般的道徳責任である。さらに考えてみよう。

二〇一五年に第六一回パグウォッシュ会議が長崎で開催された後、その反省会として行われた同会議運営諮問委員会では、以下のような議論があった[9]。物理学および工学を専門とする人たちは、「科学者として科学的危険性をきちんと伝えていく」「科学者だからこそできること」「原爆の恐ろしさをもっともよく知っているのは科学者だから」「科学者はもっとも感受性が高いのだから」「科学者としての良心から」といった言葉を使って責任を主張した。

これは役割責任に相当する。それに対し、主に国際関係論を専門とする人たちからは、「専門家としての責務ではなく、人道的側面からでないといけない」「professional なところに逃げるな、human として発言しろというのは、ラッセル＝アインシュタイン宣言の "Remember your humanity" という言葉からのメッセージである」[10]という主張を展開した。これは一般的道徳責任にあたる。パグウォッシュ会議のきっかけとなったラッセル＝アインシュタイン宣言では、人道性をもつ一人間としての責務、すなわち一般的道徳責任に訴えかけるのである。

パグウォッシュ会議自体の方はどうだろうか。この会議はもともと、ほとんどがノーベル賞受賞者で構成されていた「ラッセル＝アインシュタイン宣言」の呼びかけによって創設されたため、科学者としての役割責任の側面が強い。一九五七年の第1回会議では第3委員会のテーマとして「科学者の社会的責任」が掲げられ、「専門以外での科学者の責任は、もてる力のすべてを行使して、戦争を防ぎ、恒久的で普遍的な平和を確立することにあるとわれわれは確信している」[11]と述べている。さらに、第3委員会の文書のなかでは、もともと各国にはそれぞれ別の伝統（戦争の栄光を含む）があるのに対し、科学には国際協力の伝統があることを対置している。[12]科学の国際協力の理想をもって、各国のナショナリズムを克服しようとする意図である。ここで注意したいのは、この第3委員会の文書における「科学者が専門的仕事の外で果たす重大な責任」（the paramount responsibility of scientists outside their professional work）という文言である。専門の外にある科学者の責任というものが、役割責任に相当するのか、それとも一般的道徳責任に相当するのかは判断が難しい。もし科学者という主語を強調するのであれば専門の外であっても役割責任であろう。しかし、専門の外という点を強調するのであれば一般的道徳責任なのである。[13]

行動する・自省する・助言する

別の角度から考えてみよう。「科学者が専門的仕事の外で果たす重大な責任」は、「自らの研究が社会にどのように埋め込まれて展開するかを想像できる能力」（社会的リテラシー、第2章参照）と関係し、その埋め込まれ方が原爆投下という形で現前化されてしまった物理学者たちは、戦争を防ぎ、恒久的で普遍的な平和を確立するために「行動」した。平和運動や核兵器反対運動などの行動がこれにあたる。また、軍事研究費からの独立を考慮した物理学会の「決議3」[14]もその行動の一例であろう。

それと同時に、「専門的仕事の外で」ではなく、「専門的仕事の内で」の責任を考える者たちが一九七〇年代前後に登場する。レイチェル・カーソンの『沈黙の春』のように、科学の最先端研究のなかに地球環境を人為的に悪化させてしまう性質がふくまれている点を明らかにすると同時に、科学内部にむかう「自省」を展開した者たちである（第1章四―六ページの分類にあるフェーズ2に相当する)。内部にむかう自省の一つは認識論レベルのものであり、クーンによるパラダイム論の流れを汲む、科学の客観性を相対化するものであった。[15] もう一つは科学の体制化論であり、アインシュタインのような個人で研究を行う科学者ではなく、研究費と施設を必要とする巨大科学のなかの一部品として働く科学者が体制のなかに取り込まれていく点を指摘した。[16] 科学史家の広重徹による体制化論は、近代科学の要素還元主義や部分と全体の話[17]にもおよぶ。これは科学を体制化されたシステムとしてとらえる視点である。また中山茂は、科学技術によって人間性が疎外されている状況を克服するために「対抗文化の思想」を紹介している。[18]

「行動する」「自省する」に加えて責任論のもうひとつの軸が「助言する」である。世の中をよりよい方向に導くために、科学的知見を政策決定者に助言するというものである。この軸は、有本建男、佐藤靖、松尾敬子、吉川弘之による科学的助言に関する書籍[19]に結集されている。そして日本パグウォッシュ会議の運営諮問会議でも、二〇一七年五月にはこの助言の軸について検討しはじめている。

戦後七〇年と科学者の社会的責任論

議論の整理のために、日本の科学者の社会的責任論におけるこれら三つの軸(行動する・自省する・助言する）を、時系列上で再考してみよう。戦後七〇年が経過し、日本の科学者の社会的責任論も時代とともに変化してきた。科学技術政策でいえば「戦後の混乱から科学技術振興政策体制の整備」の時期である七〇年[20]と対照して考えてみよう。

一九四五年から一九五九年は、科学技術政策の七〇年と対照して考えてみよう。

一九四五年から一九五九年は、この時期はちょうど一九五五年のラッセル＝アインシュタイン宣言、一九五七年のパグウォッシュ会議が開催された時期であり、当時物理学者らによって担われた科学者の社会的責任論は主に反戦・平和運動に象徴されるものであった[21]。パグウォッシュ会議の場で、日本人初のノーベル物理学賞受賞者である湯川秀樹は、日本の物理学者二〇名と連名で第2回パグウォッシュ会議の議題についての意見を一九五八年に提出している[22]。この声明では、世界平和のため、および放射線の危険から人類を守るために核実験を廃止すること、核開発競争によってパワーバランスを保つことの問題点、原子力の平和利用、それにむけての科学者の国際協力がうたわれている。その文言に「倫理的責任」という言葉がでてくるが、物理学者としての高い責任感にもとづく高らかな理想が伝わってくる。

さて、パグウォッシュ会議発足の際の宣言および湯川声明では、「核兵器の非人道性を訴え、それらをコントロールするというのが科学者の社会的責任」だということが主張される[23]。ただ、この主張を現代の文脈に置いて省察してみると、本言説の陥穽が明らかになる。この意見が第2回パグウォッシュ会議の議題についてのものであるためでもあるが、第一に、この言説は、「核の平和利用なら良い」という立論になってしまうということ、第二に、非人道性という言葉を強調することによって、核兵器によるジェノサイドへの批判が可能になるのと引き換えに、平和利用がひきおこす数々の問題、特に現代の福島原子力発電所事故後のいくつかの問いに答えられなくなることである。たとえば、日本は長年「科学技術立国」を謳っていたにもかかわらず、どうしてあのような事故をひきおこしてしまったのか、どうして日本は事故後のリスクコミュニケーションにおいて世界に誇れる国ではないのか、といった問いに、この声明は答えることができない。湯川声明は、科学者の作り出したものが世界の平和を脅かすという深い失望と懸念から生まれている。そして、科学者共同体こそが理想の共同体であるという理念のもと、世界平和を維持することはそのような理想の共同体の責任であると考えている。そのために、科学内部に潜む問題点や科学の方法への問いにはなかなかつながってこないのである。[24][25]

続く一九六〇年から一九七〇年は、科学技術政策では「技術格差の解消と自主技術の開発」の時期であるが、責任論ではベトナム戦争への反戦運動、一九六七年の日本物理学会の「決議3」、そして一九六〇年と一九七〇年の安保闘争と一九六九年の学園紛争の時期であり、反戦運動と学園紛争の時代である。ここでも「行動する」の軸が顕著である。[26]たとえば物理学者坂田昌一は、一九五〇年代の後半から、原子炉の安全審査機構への問題提起をふくめて、日本学術会議を中心に積極的に行動している。[27]坂田の場合、「行動する」に加えて、日本学術会議等に責任をもって「助言する」ことも実践している。

それに対し、一九七〇年から一九七九年の「公害対策と調和の科学技術」政策の時期に、責任論はすでに述べた「自省」の時期をむかえ、反科学論や科学批判に加えて、前述の広重による体制化論がでてくる。水俣病やイタイイタイ病などの公害病が新聞メディアに登場するのは一九五〇年代からであるが、一九七〇年代は瀬戸内海や田子の浦の汚染、光化学スモッグなど、メディア上で公害問題が多く扱われた年代であり、一九七〇年一一月に行われた国会は公害国会とも言われた。一九六〇年代の高度成長のもたらした蔭の部分が噴出したのが一九七〇年代である。

これらの背景をもとに、反公害運動や反原発運動、反科学技術を掲げる運動など、さまざまな市民運動がおこった。レイチェル・カーソンの『沈黙の春』の指摘と同じように、日本人は自らの国土の汚染、健康への被害という形で、環境問題に直面したのである。そこでさまざまな科学技術への問いただしが行われた。実際、科学技術批判の思潮を支える日本の科学論の著作としては、広重の著作のほかに、中岡哲郎『科学文明の曲りかど』[28]、同『もののみえてくる過程』[29]などがあげられるが、いずれも七〇年代を中心に書かれたものである[30]。

本章の冒頭に掲げた朝永の科学原罪論もこの時期である。そのため、一九八〇年代初頭の日本における科学者の社会的責任論は、(1)核兵器反対の平和活動およびベトナム戦争に端を発する反戦運動と、(2)公害・環境問題に端を発する科学の内部への批判と、(3)パラダイム論にみられるような認識論レベルの相対化の議論と、(4)全共闘の思想の直後にあらわれた科学の体制化論と、(5)朝永による原罪論とが渾然一体となって共存していたといえる。[31] 当時の責任論の一翼を担った高木仁三郎は、主に原発に関連する市民運動論を展開し、体制内で行われている科学と生活者の科学との間を架橋しようとつとめた。[32] また、高木と討論をして、共感というキーワードを掲げた花崎皋平は、内的自我の充実の観点から科学批判と知の革新を唱えた。[33] 当時の雰囲気を伝えるものとして、川本隆史による花崎の紹介を引いておこう。

…一九八二年の日本物理学会第三七回年会でのシンポジウム「物理学者の社会的責任」に発題者として招かれた花崎は、「社会的責任」を「社会的分業」の視座から考え直し、「責任」に二つのレベルをおく。そして現代に要請されているのは、専門分野の活動において「よい仕事」をするという第一次レベルの社会的責任ではなく、細分化されたシステム内部での技術的評価にとどまりがちな「よい仕事」という基準をあらためて他のシステムとのかかわりのなかで問い直す、第二レベルの社会的責任である、と主張する。そこで中心問題となるのは「自分の属しているシステムに批判的に対処しうる主体のありかた」であって…(以下略)。[34]

最後にある「自分の属しているシステムに批判的に対処しうる主体のありかた」という言葉に見られるように、当時は真剣に、自ら属しているシステムの問題点をどう引き受けるかを議論した。一九八〇年代の科学者の社会的責任論の重苦しさは、システムの問題を個人の生き方で引き受けようとするところにあったのだと考えられる。

その後、科学技術政策は「新たな価値の創造および協力と競争」(一九八〇－一九九四年)、「科学技術基本法以後」(一九九五年－)という時期をむかえる。責任論では、一九九六年七月のクローン羊ドリーの誕生、一九九九年二月臓器移植法施行後初の移植手術、一九九九年九月東海村原子力発電所事故、二〇〇一年九月狂牛病の日本での発生などをめぐって、科学と社会の新たな関係が問われる時代に入っていく。科学の体制化論や、システムの問題を個人の生き方で引き受けようとする責任論だけでは解決できない課題が多数噴出してくるのである。これらは不確実性下の意思決定と責任の問題とも関係する。そして不確実性がともなうために、専門家が「助言する」場合の難しさを伴う。これらについては、次章以降で詳細に検討する。

4 不確実性下の責任

科学や技術の研究は常に未知の部分を内包しており、その解明を続けていく過程である。そのため私たちはしばしば、まだ科学者にとっても解明途中で長期影響が予測できない部分を含んだままで、科学にもとづいた何らかの公共的な意思決定を行わねばならない場合に遭遇する。物理学者A・ワインバーグは、このような不確実性下の問題、「科学によって問うことはできるが、科学によって答えることのできない問題群」[1]をトランス・サイエンスと名づけた[2]。たとえば、時々刻々と蓄積される知識の不確実性が決定に影響を及ぼすものや、解答を得ることが現実的に不可能なもの、発生の可能性がきわめて低いが起きた場合の損害が非常に大きい場合のリスク評価などが事例として入る。公害の発生メカニズムの究明や食品の安全の研究では、科学が精密に答えを用意できるまで何年もかかることもある。科学の答えが厳密にでるまで待つことによって被害者救済を遅らせるわけにはいかない。これは予防原則の考え方である。

予防原則と責任

予防原則とは、「環境や人の健康に重大で不可逆な悪影響が生じる恐れがある場合には、その科学的証拠が不十分であっても対策を延期すべきではない、もしくは対策をとるべきである、とするリスク管理の原則」であり、事前警戒原則とも言われる。一九九二年にリオデジャネイロで開催された環境と開発に関する国際連合会議（UNCED）の「原則一五」にまとめられている。予防原則には二種類あり、「まったくリスクがないと証明できないのであれば、技術を開発してはならない」というのが強い警戒原則であり、「科学的な確かさに欠けるとしてもそれ自体では対策を取らない理由にはならない」というのが弱い警戒原則である。

日本では、リオ宣言よりも二四年も前の一九六八年に、当時の厚生省の初代公害課長であった橋本道夫氏が、イタイイタイ病に対して類似の原則を適用し、カドミウムの慢性中毒による骨軟化症が種々の原因から来るカルシウム不足を誘因としてイタイイタイ病を引き起こすとして、その汚染源を神岡鉱業所と断定（公害病と認定）した。当時を振り返って橋本氏は、「科学的不確かさは半分近く残っているが、すべてが明確になる見込みはまずないので、それを待ってから行政としての判断と対応をするのでは、水俣病を二度繰り返すようなとりかえしのつかない大失敗をくりかえすおそれがある。したがって、最善の科学的知見にもとづいて行政としての判断と今後の対応を宣言したものであり、科学的究明は今後も積極的に続けなければならない[3]」と述べている。

予防原則を採用する際、責任をどのように設計するかは難しい問題をふくむ。時々刻々と変化する事実（作動中の科学）に対応して、ある時点での「事実A」にもとづいた判断が、数十年後の「事実B」からみて誤っていた場合、事実Aにもとづいた判断のもつ責任は、どのように定式化すればよいか、という問いが生じるからである。たとえば、もんじゅ裁判（高裁判決二〇〇三年一月、最高裁判決二〇〇五年五月[4]）では、一九九三年の設置許可のときの安全審査（事実A）が、現代（二〇〇三年および二〇〇五年当時）の事実Bからみて看過しがたい過誤があったとみなされるかどうかが問われた。原子力のケースでは、「科学技術が不断に進歩することを考慮して、処分（設置許可）当時問題がなくとも、現在の科学技術水準に照らして不十分であることがわかれば、設置許可処分は違法であるとして取り消すべきである（伊方最高裁判決の趣旨）」という立場が取られている。つまり事実B重視である。

それに対し、薬害エイズ事件[5]の事例では、非加熱製剤を投与した被告医師の責任は「医師の治療行為については当時の医療水準がいわばそのときの法律にあたるのであるから、たとえ今日の医療水準からみて誤っていたとしても、これに従った医療行為は適法である」として問われず無罪となった。ここでは事実A重視である。原子力と医療過誤とでは、事実Aと事実Bに相違がある場合の責任の扱いが異なっている。これらは行政法と刑法との考え方の違いにも起因しているが、作動中の科学のもつ責任をどう考えるかは、予防原則と責任を考えるうえでの課題である。

さらに、右記の薬害エイズ事件では国際比較によると、海外に比して日本のとった対応（加熱製剤が使用可能になった時期、加熱処理製剤の義務化時期）には遅れが見られた。(6) 被告医師が上記のような形で責任を問われず無罪となったとしても、その「当時の医療水準」を左右したと考えられる国の対応が、国際的にみて遅れをとってしまったことの責任は、誰がどのようにとるのだろうか。海外の国と比べて、日本の科学政策や公衆衛生に関する政策対応に遅れが見られることは、水俣病、薬害エイズ、そしてBSEとともに『ネイチャー』誌上で批判されている。(7) 対策を先送りする日本のシステムのありかたへの批判である。この種の責任は、科学的不確かさがある時の意思決定の責任、そして国の意思決定システムの責任と考えることができるだろう。

このシステムとしての責任を考える際、統計学上の第2種の過誤という概念を行政上に応用することは役にたつ。(8) これは、統計学者松原望が、統計学における第1種の過誤（問題がないのに、あるという。帰無仮説が合なのに非という）、第2種の過誤（問題があるのに、ないという。帰無仮説が非なので有意差があるのに合という）の概念を行政に応用したものである。行政の第2種の過誤とは、事態が悪化するまで行政が規制しない誤りを指す。たとえば、水俣病事例では、チッソ水俣工場の排水に問題があったのに、当時はないと判断してしまったこと（そしてそのことの責任）、もんじゅの判決では、安全性に問題があったのに、当時はないと判断してしまったこと（そしてそのことの責任）、などである。第2種の過誤は、第1種の過誤を避けようとするあまり、「厳密に解明できていないこと＝問題がないこと」としてしまう傾向にも起因している。第2種の過誤を回避することが予防原則である。

このような第2種の過誤を避けるシステム、問題解決のしくみを社会に作っていくために、①科学的不確かさが残っていても対応するシステムと、②同時並行して科学的究明を続けていくシステムと、さらに、③新知見がでてきたときの責任の分担システム、とを構築していくことが必要であることが示唆される。

予見可能性と意図

冒頭にも書いたように、科学や技術の研究は常に未知の部分を内包しながら、その未知の解明を続けていく過程であるため、科学者にも長期影響が予測できないような状況で何らかの公共的意思決定を行う必要がでてくると同時に、科学者の予測を越えて研究成果が社会に影響を及ぼす事態も発生する。本項ではこの場合の責任について考える。

研究成果が社会に大きな影響を及ぼす場合、科学者がその結果を意図していた場合のみ責任が発生するのか、あるいは意図していなくても責任は発生するのか。この問いに対し、ジョン・フォージ[9]は、「標準的見解」に対して、「広い見方」を提示する。ここで「標準的見解」とは、行為の結果に対して行為者が責任を負うのは、行為者がその結果を意図していた場合であり、かつその場合に限る、というものである。それに対しフォージの主張する「広い見方」とは、行為者がその結果を意図していなくても、十分予見されるに足る証拠がある場合には責任が生じる、という考え方である。

例をあげよう。一九三九年春、第二次世界大戦勃発の一、三カ月前、フランスの科学者であるフレデリック・ジョリオ＝キュリーは、重水を用いた集合体での中性子倍増率の結果を公表する準備をしていた。この結果は、もし十分なウランが適切な減速器に沈められれば、核分裂の連鎖はそれ自身を継続させることができる、つまり核分裂の連鎖をコントロールすることによって核爆弾製造が可能であることを示すものであった。当時ニューヨークにいたレオ・シラードは、ナチスが中性子増殖に関するデータを用いて核兵器を作ることを恐れて、ジョリオに手紙を書き、結果の公表を一時停止することを求めた。しかしジョリオは、自分は兵器や戦争に関連した研究をしているのではなく、ウラン原子の特性を研究しており、単に純粋な科学を行っているにすぎないと主張して、一時停止の求めを拒絶し、四月の『ネイチャー』誌に論文を公表した。

この場合、ジョリオにはナチスに荷担する「意図」は存在しない。したがって標準的見解によると、ジョリオには責任はないことになる。しかし、フォージはこの考え方に疑念を呈する。たとえドイツの爆弾計画を助けるということが、意図したものではないにせよ、公表の帰結としてもたらされるかもしれないと考える根拠を彼がもっており、それでもやはり公表した場合、責任は生じるのではないか。そしてそのような根拠をもっておらず、彼が無知だったとしても、やはり責任は生じるのではないか。もし、「人は、自分が意図したことだけに責任がある」（標準的見解）が明白であるなら、ジョリオは非難されるべきではない。しかし、標準的見解というのはけっして明白ではないのである。

「広い見方」を取ることは原子爆弾の話にとどまらず、現代的話題を考えるうえでもいくつかの示唆を与える。たとえば、二〇一二年一月に問題となった強毒性鳥インフルエンザウィルスＨ５Ｎ１の論文公表問題である。オランダのロン・フーシェ教授と米国および日本の大学に属していた河岡義裕教授は、遺伝子の突然変異によりＨ５Ｎ１がほ乳類でも感染することを示し、『サイエンス』誌と『ネイチャー』誌に公表しようとした[10]。この研究が生物テロに悪用されることを恐れた米政府のバイオセキュリティ関係の委員会は、本論文の内容の一部削除を掲載前に求めた。この問題は、上記のジョリオの例と酷似している。まず研究者たちに生物学的テロを助ける「意図」はない。しかし、生物テロに利用されると十分予見されるに足る証拠があるのである。したがって、「標準的見解」を取れば上記の学者には責任はない。しかし、「広い見方」を取れば責任は生じるのである。

別の例をあげよう。ファイル交換ソフトＷｉｎｎｙの開発者が、違法コピーを幇助したという疑いで二〇〇四年五月に逮捕された[11]。一審、二審ともに開発者に違法コピーを幇助する「意図」があったかどうかで争われた。最終審では、意図があったかどうかより、使用の実態の主目的が違法コピーではなくファイル共有であるという理由で無罪となった。この事例の場合、まず開発者に違法コピーを助ける「意図」があったかどうかはグレーである。しかし、違法コピーに利用されると十分予見されるに足る証拠はあった。しかし、結果的にはそれが主目的であるか副次的目的であるかによって判断が分かれた[12]。

さらに昨今の例で言えば、無人飛行技術と遠隔操作技術を組み合わせれば、火山灰や火山性の有毒ガスが多く人間が簡単には入れない無人島にドローン（無人航空機）を飛ばし、島の形や等高線を遠隔にいながら計測するといった、民生用の用途が開ける。しかし同時に、無人飛行技術と遠隔操作技術の組み合わせは、軍事用の無人殺戮兵器の開発の用途にも開けている。開発者の「意図」が民生用であって兵器を作る「意図」がない場合でも、「広い見方」を取れば責任の問題がまったく生じないわけではない。

このように、研究の未知の部分への予測（フォージの言葉では foresee）および意図（intension）は、責任を議論するうえで鍵となってくる。また、個人の意図の問題や、システムとしての予測の問題を、どのようにシステムの責任につなげていくかも重要な点である。この点については次章以降で再度触れる。

ユニークボイス（シングルボイス）をめぐって

まだ科学者にとっても解明途中で、長期影響が予測できないような状況で科学にもとづいて何らかの公共的意思決定を行うとき、科学者の助言というのは大きな意味をもつ。その助言は一意に定まるべき（ユニークボイスあるいはシングルボイスであるべき）だろうか、それとも幅があるのが当然と考えるべきだろうか。本項ではこれを扱う。

福島原発事故後は、とくにユニークボイスをめぐる議論が数多く行われた。たとえば、二〇一一年一一月、米国クリーブランドで国際科学技術社会論学会と米国科学史学会と技術史学会の合同の全体会議が「フクシマ」をテーマに行われ[13]、三学会をそれぞれ代表する原子力技術史あるいは原子力社会論の研究者たちが発表を行った。そのなかの一人（米国の人類学者）が、作業服を着た菅首相（当時）と枝野官房長官（当時）のスライドを映し、「日本政府は非系統的知識（dis-organized knowledge）を出しつづけた」と説明すると、約八〇〇人の聴衆から失笑が漏れた。この失笑から読み取れるのは、事故後の日本における情報流通が、国際社会の場で民主主義国家として胸を張れるものではなかったということである。それではどういう情報公開のしかたが望まれたのだろうか。そもそも系統的な知識とは何だろうか。

系統的な（organized）知識とは、幅があっても偏りのない知識である。幅があるとは、最悪のシナリオからそうでないものまでふくめたものであることを指し、偏りがないとは、安全を強調する側にのみ偏っているのではないことを指す。日本政府が出した情報は、幅が少なく偏りのある知識だと指摘されたわけである。これに対し日本学術会議は「専門家として統一見解を出すように」という態度を表明した[14]。これは unique あるいは unified と訳される。unique＝統一見解とは、行動指針となるような一つに定まる知識である。系統的であることは、ただ一つに定まる知識（unique）とも、異なる見解を統一する（unified）こととも異なる。日本政府や日本の専門家は、時々刻々と状況が変化する原子力発電所事故の安全性に関する事実を一つに定めること、統一することに重きをおき、系統的な知識を発信することができなかった。ここで、ひとつの難しい問いが浮かび上がる。行動指針となるようなユニークな統一見解を出すのが科学者の社会的責任なのか。それとも、幅のある助言をして、あとは市民に選択してもらうのが責任だろうか。

この問いをさらに考えてみるために、福島の高校の理科の先生の意見をみてみよう。「政府は混乱させたくないというが、事故がおこったこと自体がもう混乱である。また、一つの答えを出したいというが、いろいろな情報が出るのが当然であり、そんなことはわかっている。統一した一つの情報を出したいと専門家はいうが、統一された一つの情報が欲しいわけではない。全部出してほしい。その上で意思決定は自分でやる」[15]。ここで、専門家や政府と市民との間で、何を不安と考えるかについて乖離（かいり）のあることが示唆される。専門家や政府は、

「混乱させるのが不安」と考えているのに対し、市民の側は、「情報が偏っていることが不安」「専門家が信用できないことが不安」と考えているのである。両者の間にはギャップがある。この不安のギャップは、上記の責任についての問い、すなわち「行動指針となるようなユニークな統一見解を出すのが科学者の社会的責任なのか。それとも、幅のある助言をして、あとは国民に選択してもらうのが責任だろうか」と対応している。

ユニークボイスをめぐっては、日本学術会議の「福島後の科学と社会の関係を考える」分科会でもさまざまな議論が行われた。たとえば、二〇一二年五月の分科会で、元会長（第一七—一八期）の吉川弘之は、unified の中身は中立で、バランスがとれていて、偏りがないことを意味し、「学者の意見は違って当然（学会は合意する場ではない）。しかし外へでていくときは unified でなくてはならない」と述べた。この考え方は、じつはさまざまなところで共有されている。たとえば、科学史家ポーターは、マーチン・ラドヴィックの『デヴォン系大論争——紳士階級専門家間での科学的知識の形成』を紹介しながら、「論争の最中に、公的に公刊された論文が非公式な議論のなかでもつ役割は、密室で行われる真にきつい外交交渉の最中に、時折開かれる（そして一般に秘密主義の）記者会見が果たす役割と対比するのが適切である」と指摘する[16]。つまり、学者集団の密室のなかでは意見が違っていても、学者集団の外へ見解がでていくときは「公式見解」でなくてはならないという考え方である。この考え方にもとづくと、公式見解は密室のなかでの激論のすべてを公開するものではない、つまり学者の意見が分かれていることをすべて公開するものではない、ということになる。

さて、学者の意見が分かれていることを公開しないのは本当によいことだろうか。民主主義の体現として理想化された科学者集団としての学術会議が、あるいはそのような科学にサポートされた政府が、「統一した一つの情報」に固執するのはよいことなのだろうか。吉川は、専門家の意見の対立が社会での対立になってしまうのはいけない、と述べた。しかし、米国では、「彼ら（専門家）の衝突が、この高く技術的な領域（引用注――原子力を指す）を広い公衆に開」いた[17]。つまり、専門家間の意見の厳しい対立を公にする文化があったからこそ、公衆は専門家の行動を吟味する（scrutiny）文化が醸成されたのである。意見の対立を公に開くのをいけないといって統一見解（unique-voice）を出そうとすれば、公衆にいつまでも科学への幻想（答えが常にひとつに定まるという幻想）を抱かせることになる。学者間の意見は違ってあたりまえ、ということを言ってこなかったことのツケが東日本大震災直後に爆発したと考えることも可能である。

元会長（二一期）の広渡清吾は、二〇一二年七月の分科会で、「さまざまな可能性を出すこと、意見が分かれることを示すことがユニークボイスであって、情報統制のことをユニークボイスというわけではない」と述べた。これは、学者の意見が分かれていることを公式見解においてもきちんと示すことを指す。広渡の意見は、学者は、「こうすべきだ」「こうです」でもなく、「こういう問題はこう考えられます」という構造図を出すことが責任ではないか、というものである。「たくさんの意見を出すこと＝無責任」という考えかたもあるが、「たくさんの意見を出せる」ことが学術会議の責任という考え方もある。「倫理的な問題の議論には必ず選択肢が存在しなければならない。「これしかない」という議論は、議会制民主主義の信頼を失わせ、社会には受け入れられない[18]」という考え方である[19]。同様の考え方は、英国の政府科学顧問を務めたロバート・メイの意見のなかにもある。科学者の役割は、あるべき選択肢を示し、その制限や影響を示すことであって、どの選択肢を取るべきか決めることではないという意見である[20]。

ここでユニークボイスにこだわることが、日本特有なことなのかどうかは、検討する必要があるだろう。第二次世界大戦直後は、科学への「理想」や、科学者共同体を民主主義の体現とすることが、世界でも日本でも共有されていた。その後、専門家同士の衝突がしばしば見られた米国の政治文化は、科学的知識を幅のあるものととらえ、科学者による社会への助言も幅のある形で示し、あとは国民に選択してもらう形を整備してきた。英国では、専門家同士でも意見が衝突することが、高校の理科の教科書に明記されている[21]。これは、英国の科学者集団がBSE禍以後、外からの圧力にさらされた結果、科学者集団と社会との関係が変容してきた結果でもある。もし日本の科学者集団が戦後すぐの科学者共同体の理想をそのままかかげ、民主主義の体現としての科学者集団が合意されたユニークボイスを助言するというモデルに固執すれば、社会との齟齬を生むことになるだろう。震災後の情報公開に関して国際社会から失笑を買った一因は、じつは専門家や政府が一つの合意されたユニークボイスに固執して、系統的な情報を発信できなかったためである。

行動指針となる一つの統一見解を出すのが科学者の責任なのか、それとも幅のある助言をして、あとは市民に選択してもらうのが責任か。それは社会との関係の成熟の度合いによって変容していくものだろう。後者の立場をとる場合、専門家の意見は割れて当然であると市民が考え、異なる意見を言う複数の専門家の意見を聞いたうえで最後は市民が決める必要がある。そのためには、市民の側も、専門家に行動基準を一つに決めてほしいと丸投げするのではなく、幅のある情報のなかから自ら選択する力（シティズンシップ[22]）をもつ必要がある。そのような意味で、専門家の社会的責任は、市民性の成熟度、そして社会の成熟度と無関係ではない。これについては第7章で再び触れる。

5 科学の倫理的・法的・社会的側面

第４章で考察したように、科学や技術の研究は常に未知の部分を内包しながら、その未知の解明を続けていく過程であるため、科学者にも長期影響が予測できないような状況で何らかの公共的意思決定を行う必要がでてくる。また科学者の予測を越えて研究成果が社会に影響を及ぼす事態も発生する。このような研究の未知の部分への予測は、個人の意図の問題だけでなく、システムとしての予測や責任の議論につなげていく必要がある。システムとしての責任を考えるために、現在欧州の科学技術政策「ホライズン２０２０」(二〇二〇年をめざした科学技術政策の展望)のなかで用いられている概念、「責任ある研究とイノベーション」(Responsible Research and Innovation. 以下ＲＲＩと記す)について考察する。

ＲＲＩといえば、日本ではすぐに「研究不正をしないこと」と結びつけて論じられてしまう傾向がある。しかし、現在欧州で展開されているＲＲＩは、けっして研究不正にとどまるものではない。倫理綱領だけでなく、社会に研究成果がどう埋め込まれるかのインパクト、アウトリーチ、透明性、批判的自省、社会にどのように役立つか、利害関係者の参加などのコンセプトが含まれている。この概念を説明する文章には、「RRIは、研究およびイノベーションプロセスで社会のアクター（具体的には、研究者、市民、政策決定者、産業界、NPOなど第三セクター）が協働することを意味する」とある。[1]そして鍵概念として、オープンイノベーション、オープンアクセス、オープンスペースと参加、相互学習があげられている。

RRIのエッセンスには、「議論を開く」（open-up questions）、「相互に議論を展開する」（mutual discussion）、「新しい制度化を考える」（new institutionalization）がある。たとえば、これを東日本大震災と福島の原発事故分析に応用すると、次のようになる。日本の技術者は長いこと閉じられた技術者共同体の中で意思決定をしてきており（例、安全性基準など）、地元住民に開かれたものにはなっていないのに対し、それを開くのが「議論を開く」に相当する。また、その開かれた議論の場で技術者から住民へ一方的に基準が伝達されるのではなく、それぞれが重要と思う論点について相互の討論を行う、あるいは福島の経験をもとに各国が学びあうというのが「相互議論を展開する」である。そして、それらの原発ガバナンスに関する議論をもとに、現在の規制局の在り方を作り変えていくことが、「新しい制度化を考える」に相当する。[2]

このようなRRI概念の福島事故への応用を考えると、RRIの概念がプロセスを重んじ、動的なものであるのに対し、日本の福島分析と責任論が、各制度の枠を固定し、それぞれに閉じられた集団に責任を貼りつける「静的」なものであることが示唆される。閉じられた集団を開き、相互討論をし、新しい制度に変えていく、というRRIのエッセンスは、明らかにこれまでの日本の社会的責任論とは異なる形で「市民からの問いかけへの応答責任」に応えようとしていると考えられる。以下に詳しくみていこう。

科学の倫理的・法的・社会的側面と市民参加

RRI概念は突然生まれたわけではない。それには前史がある。一つは、最先端科学技術が社会に埋め込まれたときに発生する倫理的(Ethical)・法的(Legal)・社会的(Social)含意あるいは事柄(Implication あるいは Issue)を扱うELSI(欧州では Aspect を用い、ELSAという)という流れであり、もう一つはテクノロジー・アセスメントや科学技術ガバナンスにおける市民参加の流れである。どちらも最初は、社会が科学技術を安全な形で受け入れ、それによって社会的問題の解決に貢献するためにつくられたしくみである。

ELSIは、一九八八年にDNAの二重らせん構造の解明でノーベル賞を受賞したジェームズ・ワトソンが、ヒトゲノムプロジェクトの長として今後の研究の倫理的・社会的影響についての研究をNIH(米国立衛生研究所)の予算を用いてやるべきだと主張したことからはじまるとされる。米国ではNIHにELSI予算が一九九〇年から設けられ、カナダでは二〇〇〇年から、英国、オランダ、ノルウェーでは二〇〇二年から、ドイツ、オーストリア、フィンランドでは二〇〇八年から関連予算枠が設けられ、全研究開発予算の数パーセントをその研究の倫理的・法的・社会的側面の研究に用いることが試みられた。はじまりがヒトゲノムプロジェクトだったこともあり、初期は生命科学、ゲノム研究にかかわる生命倫理の研究が対象として多くみられたが、現在ではその分野に限らず、ナノテクノロジーや人工知能などの分野にも応用されている(3)。

もうひとつの流れであるテクノロジー・アセスメントと市民参加の流れを説明しよう。テクノロジー・アセスメント(以下TA)とは、科学技術が社会にもたらすと予想される影響を分析・評価し、国の政策に反映させるしくみのことを指す(4)。米国では、連邦議会技術評価局が一九七二年に設立され、これを実施した。米国連邦議会技術評価局による評価は、新しい技術の社会受容についての評価であり、評価パネルは主に専門家であった。しかし、米国の影響を受けて一九八〇年代に欧州で次々とTA機関が設立されて制度化されるなかで(5)、評価パネルとして市民が採用されるようになる。このように市民パネルを用いるTAを、参加型TA(Participatory TA: PTA)とよぶ。参加型TAは、専門家の支援を受けつつも専門家以外の一般市民や利害関係者が評価主体となる(6)。遺伝子組換え作物など新しい技術に加え、都市計画など公共事業の評価にも適用されている。

このような市民参加の動きは、欧州における科学と社会の関係の歴史と無関係ではない。たとえば英国では、一九九〇年代前半にBSEスキャンダルが起きている。一九九〇年に英国政府はＢＳＥの人間への感染可能性を否定したにもかかわらず、その六年後の一九九六年にはＢＳＥの人間への感染可能性を認めた。この一連の流れから社会の科学への信頼が失われ、政府への不信感から科学技術を誰がガバナンスするかの議論が活発になり、科学技術ガバナンスへの市民参加が試みられるようになる。一九九八年には議会付属の組織で「食の未来」についての市民による技術予測が行われ、二〇〇五年にはナノテクノロジーについての市民陪審（ナノジュリー）も試みられた。[7] また、一九九〇年代後半に欧州を中心におこった遺伝子組換え食品（ＧＭＯ）に関する論争は、右に述べた参加型ＴＡの動きにも影響を与えた。ＧＭＯに関するコンセンサス会議[8]（参加型ＴＡの形態の一つ）は、オランダ、英国、ノルウェー、フランス、スイスなどで一九九〇年代に次々と行われている。ＧＭＯに関するコンセンサス会議は、日本でも二〇〇〇年に開催された。

このような流れは、科学技術を民主的にガバナンスするしくみの構築である。実際、科学技術を民主的にガバナンスするために必要な要素として、(1)上流工程からの参加[9]、(2)透明性と公開性[10]、(3)予防原則（第4章参照）がある。このうち上流工程からの参加とは、研究開発の下流工程（製品として市場にでまわる工程）ではなく、より早い段階から市民が参加し、技術の是非を問うことを指す。この点は、上記ＧＭＯの論議の中で「すでにＧＭ作物が製品として出回ってしまってから議論をはじめるのでは遅すぎる」という反省を機に、主張されるようになった。新しい技術が市場にでまわってから受容の可否を問う（実際、初期のＴＡにはそのような傾向もみられた）だけではなく、開発の初期に社会にとって望ましい研究開発やイノベーションを市民の側が選ぶことをめざす。この一形態がコンストラクティブ・テクノロジー・アセスメント（CTA）である。[11] CTAはオランダ技術研究局によって開発されたもので、研究開発とTAを一体化させたものである。さまざまな利害関係者や一般市民、専門家が技術開発の初期から繰り返しアセスメントを実施し、その結果を随時開発プロセスにフィードバックさせながら漸次的に研究開発をすすめる参加的で学習的なアプローチとなっている。このようなアプローチの実践および上流工程からの市民参加の試みのなかから、RRI概念が作られていくのである。

RRI概念の萌芽

CTAの実践を行っていたオランダでは、研究開発の初期段階からの評価のありかたを模索していた。そのなかの一人であり、RRI概念を最初に提唱したといわれるフォン・ショーンベルクは、二〇一〇年の論文のなかで以下のように述べている。

…個人が責任を考えるのは、自らの意図にもとづいて行動し、ある結果が自分の行為の結果であると合理的に評価できるときのみである。その結果が意図どおりであろうとなかろうと。しかし、科学的発見の結果や技術のデザインは、そういった評価がしにくい。科学的発見も技術的イノベーションの結果も、特定の個人の意図に帰結させるのは難しいのである。技術的イノベーションの結果はたいていの場合、個人の行為の結果というより、集合的行為の結果、あるいは市場経済のような社会的システムの結果である[12]。

フォン・ショーンベルクはこのように、個人の意図にもとづく行為ではなく集合的行為としての科学技術イノベーションシステムを考え、そこでの責任を定式化しようと模索を続けた。そして、「科学技術倫理の領域は、役割責任の倫理とは異なっている。役割責任とは、科学システムのなかでのプロの役割のことである」、「たとえ科学者や技術者が善意で開発しても、そしてユーザーがわざと悪用しようとする意図がなくても、倫理的な問題は発生するのである」と述べる[13]。そのうえで彼は、「集団としての共責任」(collective responsibility)の必要性を説き、「共責任の倫理とは、学際的で文化共通のものであり、相反する職業上の役割責任の間のバランスをとり、評価の判断基準を提供するものである」とする[14]。このあたりは、第3章で議論した科学者の役割責任(プロとしての責務)と一般的道徳責任の相克につながってくる。ＲＲＩは、「役割責任の倫理とは異なっている」とあるように、一般的道徳責任に重きを置いて作られている概念なのである。また、第4章で議論した意図のあるなしによる「標準的見解」と「広い見方」の区別でいえば、「わざと悪用しようとする意図がなくても」

という表現にあるように、ＲＲＩは「広い見方」をとっていることがわかる。そして集団としての共責任を考察し続けた結果がＲＲＩという概念に結晶化するのである。

…ＲＲＩとは、透明性のある相互作用のプロセスである。その相互作用は、社会のアクターとイノベーターが相互に応答可能であり、イノベーションプロセスとその産物が（倫理的に）受容可能で、持続可能で、社会的に望ましいものであることをめざして、ともに責任をはたすことを意味する（科学技術の発展がわれわれの社会に適切に埋め込まれることをすすめるために）。[15]

ここには、個人の責任と集合行為の責任（システムとしての責任）、意図のあるなしと帰結、意図せぬ結果の責任、不確実性下の責任、職業的役割責任と共責任、といったさまざまな解くべき課題の結節点としてＲＲＩが定義されている。

以上のような背景をもってＲＲＩ概念は精緻化されていった。そしてこの二〇一一年のフォン・ショーンベルクによる定式化は、ＥＵの科学技術政策ホライズンにとりこまれていく。

ホライズン２０２０のなかのＲＲＩ

ホライズン2020は、欧州科学技術政策の第七次フレームワークプログラムに続くものとして設計された、二〇一四年から二〇二〇年の七年間にわたる研究・イノベーションプログラムである。[16] RRIは、このホライズン2020の目標である「社会とともにある社会のための科学」(Science with and for Society)を達成するための鍵となる活動であり、分野横断的な視点である。[17] ちなみに、二〇〇七年から二〇一三年までの第七次フレームワークプログラムの目標は、「科学と社会から、社会のなかの科学へ」(From 'Science and Society' to 'Science in Society')であった。

先ほど述べたようにRRIとは、研究とイノベーションプロセスで社会のアクターが協働することを意味する。実際には、RRIは研究とイノベーションプロセスへの複数のアクターと市民の参加を含むパッケージとして社会に埋め込まれる。そのパッケージとは、より簡便に人々が科学的研究成果にアクセスでき、研究とイノベーションの内容やプロセスにおけるジェンダー平等と倫理的側面を考慮して、公式・非公式を問わずさまざまな科学教育を可能にするものである。これらの内容は項目として掲げられ、「市民参加」「オープンアクセス」「ジェンダー平等」「研究における倫理」「科学教育」の五つにまとめられている。そしてこれらの目標の達成に合致するプロジェクトに対し、二〇一四―一五年は年間約四五〇〇万ユーロ(約五八億五〇〇〇万円)が投資されている。

RRIにたびたびでてくる言葉に反射性(reflexive)と呼応性(responsive)という言葉がある。

いずれも、相互に批判し、批判に呼応し、共につくりあげていくための用語である。加えて、予見的（anticipatory）という言葉がでてくる。これは、研究の未知の部分への予測の意味である。科学者の予測を越えて研究成果が社会に影響を及ぼすこともあるので、予測や予見を担うのは専門家だけではなく、市民もふくめさまざまなステークホルダーということになる。ここで予見に anticipate が使われていることに注意しよう。第4章でフォージの「標準的見解」と「広い見方」の対比を説明したとき、研究の未知の部分への予測というところで foresee が使われていることをみた。この言葉はあくまで将来起きることに対する予測を指す。それに対し、anticipate のほうは、予測だけでなく備えの意味が入り、備えのために必要なアクションを取るという意味が入ってくる。[18] RRIで foresee ではなく anticipate を使うのはそのせいであろう。じつはELSIの定義のなかにもこの用語はでてくる。[19] 将来おこりうることを予測して適切なアクションを考えるという意味では、確かにELSI概念とRRI概念はつながっていることが示唆される。

今やRRIはELSI、TA、応用倫理、科学技術社会論（STS）、企業の社会的責任（CSR）、予測によるガバナンス、価値にもとづくデザイン、自由市場による資本主義の過度の超過に対する改善の手段、などさまざまな研究潮流を含みこむアンブレラ・タームとして[20]機能しはじめている。次章では、RRIの具体的内容、RRIへの批判と可能性を論じる。

6　責任ある研究とイノベーション

ＲＲＩとは、研究やイノベーションのプロセスで社会のアクター（具体的には、研究者、市民、政策決定者、産業界、ＮＰＯなど第三セクター）が協働することを意味する。実際には、ＲＲＩは研究とイノベーションプロセスに複数のアクターと市民が参加するパッケージとして社会に埋め込まれている。それでは、どのようなプロジェクトにこの予算が投入されているのだろうか。具体的にみてみよう。

ＲＲＩの具体例

まず、個別の科学分野を「責任ある研究」にするためのいくつかの試みがある。たとえばマリーナ・プロジェクトは、責任ある海洋科学研究とイノベーションを目的とし、その成果を市民に還元することをうたったプロジェクトである[1]。市民を動員した相互学習ワークショップ[2]を欧州一二カ国で一七回開催しており、このワークショップには、のべ四〇二人の利害関係者（八一人の市民、六六人の行政官、六五人の企業からの参加者、一〇四人の科学者、五八人のNGOからの参加者、二四人の学生、四人のジャーナリスト）が参加している。[3] まさに「共につくる」空間の実践であるこれらのワークショップでは、持続的な（環境にやさしい）ツーリズムのありかた、海岸都市建設のありかた、海洋汚染、漁業および海洋文化、広域気候変動による海洋変化などのテーマで議論が行われた。[4] また、アセット・プロジェクトは、責任ある医療研究とイノベーションを目的とし、疫学および疫病における「社会のなかの科学」のアクションプランを作成している。[5] 具体的には、欧州八カ国でパンデミックに関する共通の言語・アプローチの確立をめざしている。

こうした個別科学のプロジェクトのほかに、RRIを高等教育のなかに埋め込むプロジェクトや産業界との連携をめざすものも見られる。たとえば、エンリッチ・プロジェクトは、RRIを高等教育のなかに埋め込む試みであり、[6] 教育カリキュラムをつくるプロセスに現場の教師が参加する、教育評価に現場が参加する、といった試みが紹介されている。RRIを教育とその評価に埋め込むとは、一人ひとりの教員をさまざまな意思決定プロセスに巻き込むことによって経験を蓄積することを意味する。

また、プリズマ・プロジェクトは、RRIの影響をモニタリングし、自ら指標をつくることによって産業界をRRIにまきこむプロジェクトである。[7] ナノテクノロジー系、バイオ系、ICT系の三種についてそれぞれ二社ごとのパイロットスタディを行っている。各系では、

⑴事業のプロセスが責任あるものになるための指標を作成し、⑵個々の企業でワークショップを開催し、⑶それらの指標を各事業でモニターする、といういくつかのステップを用いて分析を行っている。たとえばステップ1では、まずイノベーションマネジメントとRRI分野の文献から二五〇個の指標を洗いだし、産業との関連や優先度を考慮し、指標を再編して九二に絞り込む。それを用いてステップ2のワークショップで四つにカテゴリー化（市場クラスター、社会・環境クラスター、利害関係者クラスター、技術関連クラスター）し、ステップ3以降に用いている。[8] ステップ2では、社内のワークショップで指標を議論することによって、会社をまきこんでゆく。

このように具体的に動いているプロジェクトをみると、RRIでめざしているものが見えやすくなる。個別科学分野を「責任ある」研究とイノベーションにする試みでは、上流工程からの市民参加をワークショップ形式で行う、あるいは共通言語を構築するといった方法が用いられている。また、企業と学術界をつなぐ試みも興味深い。ある会議では、企業人から「RRIを、自由市場主義の行き過ぎを改善する手段と考える」という発言もなされた。[9] 産業界からは、そのような方向での期待感があることが示唆される。さらに、教育への応用では、RRIを高等教育のカリキュラムのなかに埋め込む試みのなかに、昨今流行のアクティブラーニング（学生がただ受け身で授業を聞くのではなく、能動的な参加を取り入れた学習法）だけでなく、評価やアドミニストレーションに教師が参加する試みがみられた。たとえば評価に

ＲＲＩを適用すれば、研究者評価は論文数だけの評価ではなく、さまざまな別の指標（たとえば、授業設計のありかた、カリキュラムデザインへの参加の度合いなど）を用いて行うことになるだろう。

ここで、ＲＲＩとアクティブラーニングとのちがいを考察しておきたい。アクティブラーニングには、たとえば現場にでてＰＢＬ（Problem-Based-Learning, 問題解決学習）を行う試みなどもふくまれる[10]。しかし、この試みの場合、ＰＢＬを行う学生を受け入れる現場では、毎年別の学生を地元が受け入れねばならない。このとき、地元が毎年の受け入れに難色を示すなら、地元の人々との相互学習ができていないことになる。もし、両者の間で相互学習が行われ、かつ学生が自らの学習活動の中で地元に対する responsibility を考えることができる場合は、ＲＲＩになると考えてよいだろう。ここで responsible とは、応答可能・呼応可能という意味である。

以上のようにＲＲＩは、市民の参加、現場の参加、産業界の参加を具体的にプロジェクトのなかで推進している。ひとことで参加といっても、誰が参加するのか、何に参加するのか、どのような情報が得られるのか、参加して何をするのか、参加によって何がもたらされるのか、については プロジェクトによって異なる。ただ、このような参加の実践がさまざまな分野のいろいろなレベルで多くのプロジェクトによって「実践」されている多大なエネルギーには目を見張るものがある。

RRIへの批判

このようにRRIは欧州の科学技術政策のなかに埋め込まれつつあるが、もちろん現場からはバラ色の評価だけではなく、批判も見られる。それを紹介しよう。

一つの反応は、RRIが「新たな理想的管理の道具」になってしまうのではないかという欧州の研究者たちの懸念である。これは、特に近年の緊縮財政で自分の分野の予算が減額され、かつRRI予算も潤沢に取れるわけではない研究者からは、当然でてくる批判であろう[11]。RRIの理想にあう研究は採択され、それまでの枠組みを維持している研究費がカットされるとすれば、各国の研究システムや欧州の研究システムだけでなく、評価される側の研究者の日々の生活への影響は甚大である。日本で言えば、近年の「役に立つかどうか」の基準で研究予算が判断されるという議論[12]があるが、それと趣旨は異なるが同じような効果を生む議論[13]を欧州ではRRI概念を使ってやっていると考えれば、研究者の懸念も想像可能となるだろう。

さらに、研究者の側からは、RRIの理念のなかで表現されている「前提とされている科学者像(imaged scientists)」が、「社会的責任が欠如していて、どんなふうに応用されるのかに無頓着な科学者像」に固定されているという批判もあった[14]。このように、行政官が研究者をどうみているかの分析を通して、ＲＲＩが「行政官が研究者を管理するためのツール」であると批判するのである。そして、自分たちの自律的な研究を守るため予算配分における不確実性に対処するための戦略[15]について議論しはじめるのである。

これらの現場研究者の反応は、興味深いものがある。ＥＵの行政官が責任という言葉に込めたものは、第５章でも見たように、科学技術を開発する側の「集団としての共責任」であった。共責任を実現するために、ＲＲＩ概念にさまざまな理想を結集させ、個人の責任に対するシステムとしての責任、意図せぬ結果の責任、不確実性下の責任、職業的役割責任と共責任、といったさまざまな解くべき課題の結節点としてこの言葉を用いたのである。ところが、現場の研究者に届くころにはＲＲＩは管理の道具と批判される。ここで、ＲＲＩという概念を提唱したとされるフォン・ショーンベルクの言葉をもう一度思い出してみよう。「たとえ科学者や技術者が善意で開発しても、そしてユーザーがわざと悪用しようとする意図がなくても、倫理的な問題は発生するのである[16]」。皮肉なことに、これと同じことがＲＲＩ概念にも発生している。たとえ行政官が善意でＲＲＩ概念を開発しても、そしてユーザー（研究者や市民）がわざと悪用しようとする意図がなくても、倫理的問題（ＲＲＩを管理の道具としてしまう傾向への懸念）は発生するということなのである。このように、ＲＲＩ概念においても、政策を作る側と受け取る側のギャップが生じている。

RRIの可能性

以上のような批判もあるが、しかし、筆者はこのＲＲＩに多くの可能性を見出している。そしてその可能性は、一九七〇―八〇年代に蓄積された日本の科学者の社会的責任論の閉塞状況を突破する力を孕んでいると考えている。その理由を順に説明しよう。

まず、ＲＲＩ概念は、科学技術を開発する側の「集団としての共責任」を考え、システムとしての責任を考えている。かつ、さまざまな利害関係者（そこには市民をふくむ）の上流工程からの参加のプロセスを重視している。第5章にも述べたように、ＲＲＩのエッセンスには、「議論を開く」「相互討論を展開する」「新しい制度化を考える」がある。閉じられた集団を開き、相互討論をし、新しい制度に変えていく、というＲＲＩのエッセンスは、明らかにこれまでの日本の社会的責任論（集団を固定し、そこに責任を配分する）とは異なる。つまり、日本では固定している制度（institution）の壁の境界を外に開き、壁を再編する力をこの概念は秘めているのである。

壁を再編する力

日本では特に、一度作ってしまった組織や制度の壁を所与と考える傾向が強い。それに対し、議論を多くの利害関係者に開き、相互討論をし、新しい制度化まで考えることは、日本では固定して考えている壁の境界を新しく作り変える可能性を人々に提示するのである。

このことは組織や制度に限らない。概念の壁についてもいえる。たとえば欧州では、市民運動論と社会構成主義と、科学と民主主義の関係という三つのテーマは関連しており、まとめて大きな一つのテーマとして論じられてきた。[17]ところが日本では、市民運動論は環境社会学で、社会構成主義は主にフェミニズム研究で、[18]科学と民主主義は科学技術社会論（STS）でというように、もともとつながっている潮流が別々の研究領域に分断されている。[19]おそらくは学問分野の壁[20]をとりはらうことにもRRIは寄与することになるだろう。

組織や制度の壁を所与と考える傾向は、責任のとりかたにも影響する。ある事件や事故が起きて組織や制度への批判が高まっているとき、日本では主に責任をもつとされる組織への攻撃という形で責任問題が語られる。もちろん、組織の責任を追及するのは大事なことである。しかしRRIを応用すれば、固定された組織の責任を考えることにとどまらず、その組織や制度をどのように変えれば当該の問題がおこりにくくなるのかを皆で考えることが重要となる。

別の言葉で言い換えてみよう。これまでの日本の社会的責任論は、組織や制度を固定してそこに責任を配分するため、組織を攻撃することが主となってしまい、組織外の人々は他人事ですまされた。「Aという組織がXをしたから、けしからん」で終わってしまうことが多かった。しかしRRIを応用すれば、組織や制度をどう変えればいいのか共に考えることが重要となる。新しい制度化への議論の参加が必須となり、組織外の人々も他人事ではすまされなくなる。[21] 無責任になるために再編するのではなく、皆で構想するよりよい責任分担のために、制度を再編（「新しい制度化を考える」）するのである。その場合、どのようにシステムを再編すれば日本が世界のなかで責任を果たしているとみなされるかがポイントになろう。[22]

システムを変える

また、このようにシステムの問題をシステム自体を変えることによって乗り越えようとするところは、「システムの問題を個人の生き方で引き受けようとする」一九八〇年代の日本の社会的責任論の閉塞状況を打開する道を拓く。第3章でも詳述したとおり、当時の高木仁三郎も花崎皋平も、内的自我の充実の観点から科学批判と知の革新を唱え、「自分の属しているシステムに批判的に対処しうる主体のありかた」を分析し、自ら属しているシステムの問題点を個人でどう引き受けるかを議論した。一九八〇年代の科学者の社会的責任論の重苦しさは、システムの問題を個人の生き方で引き受けようとするところにあったのだが、RRIは、システムの問題をシステムの変革（「新しい制度化を考える」）で解決する道を示すのである。

さらに、RRIのシステム変革は、体制化された通常科学のほうに「市民参加」をもち込む。第3章でもみたように、高木仁三郎は徹底して生活者の自然科学、作品性をもつ科学を訴えた。そして、このような生活者の科学は、当然のことながらインパクトファクター[23]などで引用度が数値化される論文生産にはなじまず、生活者の科学は体制化科学の対極にあるとされた。つまり、一九八〇年当時の市民参加の科学は、体制化された通常科学や論文生産の対極にあったのである。

しかし、具体的プロジェクトで紹介したように、RRIではこれまで体制化されてきた通常科学（たとえば海洋科学や医学）のほうに市民参加をもち込む。市民を動員した相互学習ワークショップを欧州一二カ国で一七回開いたことが評価される。つまりRRIの画期的なところは、システムの問題をシステム自体を変えることによって乗り越えようとすることに加えて、そのシステム変革において、体制化された通常科学の側に「市民参加」をもち込もうとする点なのである。

もちろん、日本の科学技術政策のなかにも参加を組み込んだ施策はいくつかある。一九九九年のブダペスト宣言（社会のための科学）以後、二〇〇一―〇五年の第二期科学技術基本計画では「社会のための、社会の中の科学技術」、二〇〇六―一〇年の第三期では「社会・国民に支持され、成果を還元する科学技術」、二〇一一―一六年の第四期では「社会とともに創り進める政策の展開」が掲げられた。主に科学技術コミュニケーターの育成や、科学技術コミュニケーション活動の推進、倫理的・法的・社会的課題（ELSI）への対応やテクノロジー・アセスメントのありかたの検討が行われている。科学技術振興機構では科学技術コミュニケーションに関するいくつかの試みが行われており、また阪大・京大の連携プログラム「公共圏における科学技術・教育研究拠点」（STiPS）では、政策形成における公共的関与の活動を行っている。

こうした施策や活動は、あきらかに日本社会における科学技術への市民参加を促進するうえで重要な役割をはたしていると言えよう。それでは、日本にすでにあるこれらの施策や活動とRRIの違いは何だろうか。それは、「参加が新しい制度化を考えるところまで至っているかどうか、日本で固定して考えている壁や境界を再編する力をもつところまで到達しているかどうか」という視点であろう。

例をあげよう。たとえば、RRIを日本の研究開発システムに応用する場合は、日本の研究力[24]（論文数、引用度、世界における論文数のシェア等）[25]がどうして落ちているのかの分析プロセスで科学技術・学術審議会等の有識者の意見を聞くだけでなく、現場の声を聞く必要がでてくるだろう。センター・オブ・エクセレンス、グローバル30、リーディングプログラム、そして卓越大学制度など、文部科学省が日本の研究力向上のために考えたいくつかのプログラムは大学研究の現場でどのように生産性を向上させたのか、各種指標や報告書をみるだけでなく、現場の声(プログラムの使いにくさや阻害要因など)を聞き、共に再設計に生かす必要がある。現場からの声をすいあげて次の指標やプログラムをつくろうとしていた欧州のユンリッチ・プロジェクトやプリズマ・プロジェクトなどをふくむRRIのプログラムと比較して、日本のプログラムのもっとも弱い点は、次の制度設計に現場を取り込むこうした姿勢だろう[26]。おそらくこの弱点は、RRIが「境界を再編する力」を秘めているのに対し、日本における参加の流れが「境界を固定したままの参加」にとどまってしまっているために発生していると考えられる。

別の例をあげよう。地震による大津波が発生した場合に福島第一原発の冷却装置の電源喪失がおこり炉心崩壊に至る危険性があることは、東日本大震災前にすでに保安院と東電との間で共有されていた[27]。一九六六年の福島第一原発の設置許可申請以後、地球科学で発展したプレートテクトニクス論や、活断層についての調査、および貞観地震(八六九年)の大津波発生の記録などを元に、日本の津波研究者が警告を発していたからである[28]。

しかし、それらが反映された七省庁手引書(一九九七年)や地震調査研究推進本部(阪神淡路大震災後、一九九五年に総理府に設置された)の長期評価(二〇〇二年)による再三の警告にもかかわらず、福島第一原発の津波対策は改善されなかった。その際の東電の判断は密室で行われ、地域住民には公開されていなかった。もし本章の冒頭にあった海洋科学分野でのＲＲＩの活動（相互学習ワークショップ）を津波事例に応用していたら、どうなっていたであろうか。七省庁手引きで日本海溝の津波地震の予測が出された後、あるいは地震本部の長期評価の後、それらの算定結果をもとに東電、保安院、中央防災会議、土木学会、地震研究者、津波研究者、そして地域住民とで参加型のワークショップを開いていたら、どうなっただろうか。そもそも公表をしない、隠蔽をするということは、最初から参加を拒んでいたということであろう。むしろ「開いて」組織のありかたの再編を検討する道をＲＲＩは推奨しているのである。ホイッスルを吹きやすくするしくみの構築[29]は、まさに、「日本で固定して考えている壁や境界を再編する力」だろう。

ＲＲＩを紹介すると、「日本の科学技術政策のなかにも参加を組み込んだ施策はすでに存在する」という反論をもらうこともあるが、いまあげた研究評価や原発災害対策の例をみる限り、それらの参加が新しい制度をつくるまでには至っていない事例が多く見られる。固定している壁や境界を再編する力をもつところまで到達してはじめて、日本でもＲＲＩを行っていると胸をはって言えるようになるのだろう。オープンイノベーション、オープンアクセス、オープンスペースと参加、相互学習といったＲＲＩの鍵概念は、すべて「壁を再編する力」を秘めているのである。

7 これからの時代の責任

本章では、これまでの議論をふまえて、これからの時代にどのような責任が必要となるかを論じる。責任論と公共空間論、およびそれを支える市民にとってのリベラルアーツについてまとめたのちに、これからの時代の責任について考えてみよう。

第6章で、RRIが「日本では固定して考えている壁や境界を再編する力」をもつことを示した。システムの問題を個人の生き方で引き受けようとする一九八〇年代の日本の社会的責任論に対し、システムの問題をシステム自体を変えることによって乗り越えようとする道を拓く。システムの再編のためには、システムの問題を皆で議論する場が必要となると同時に、「壁を所与と考えない人」「既存の壁を再編する制度設計をする人」の育成が必要となる。前者が公共空間論に、後者はリベラルアーツの話につながる。本章ではこれらについて詳しく考えていこう。

公共空間論

最先端の科学技術と社会との接点には、そう簡単に答えのでない問題がたくさんある。遺伝子操作やゲノム編集を社会はどこまで許容すべきか、人工知能研究に歯止めをかけるべきか、原子力ガバナンスはどうあるべきか、地球温暖化にどう対処すべきか、などの問いである。これらの課題について皆で議論する場は、公共空間(public-space)とよばれる。公の問題について公の議論をする場といってもよいだろう。ドイツの社会哲学者ハーバーマスは、私的領域としての家族、政治的領域としての国家、経済的領域としての社会から独立した自律的領域を公共圏(pubic-sphere)と呼んだ[1]。[2]

現代の科学技術の社会的責任を考えるうえでは、エドワーズによる公共空間の定義[3]のほうがしっくりくるだろう。エドワーズの定義によると、公共空間とは、(1)民主的コントロールを必要とし、(2)公共の目標設定を行い、(3)利害関係者との調整をし、(4)社会的学習を行う、場である。たとえば原子力ガバナンスはどうあるべきかなどの課題は確かに、民主的コントロールが必要であり、公共の目標設定が必要となり(再稼働をするか、今後のエネルギー源をどうするかなど)、利害関係者との調整が不可欠であり、原子力発電推進派と反対派の双方、および関係省庁、規制委員会、電力会社、地域住民等が相互に学習する場が必要である。公共空間である具体的な例として、言説の場としてのメディア、社会運動、テクノロジー・アセスメント、市民会議の場などがあげられている。第5章でＲＲＩの前史として扱ったテクノロジー・アセスメントや、市民会議（コンセンサス会議やシナリオ・ワークショップなど）は、公共空間、つまり公の問題について公の議論をする場である。

第4章でも扱ったように、科学や技術の研究は常に未知の部分を内包しているため、科学者にも長期影響が予測できないような状況で何らかの公共的意思決定を行う必要がでてくる。それと同時に、科学者の予測を越えて研究成果が社会に影響を及ぼす事態も発生する。このような研究の未知の部分への予測とその影響のコントロールは、専門家だけでなく市民や利害関係者による公共空間で行われるべきだろう。また、公共空間の課題では、既存の組織の壁を固定したうえで組織の責任を追及するだけでは問題が解決できない。第6章でも議論したように、固定された組織の責任を考えることにとどまらず、その組織や制度をどのように変えれば当該問題がおこりにくくなるのかを皆で考えることが重要となる。新しい制度化への議論の参加が必須となり、組織外の人々も他人事ではすまされなくなる。どのようにシステムを再編すれば日本が世界のなかで責任を果たしているとみなされるか、制度を再編する議論が必要となろう。このように、ＲＲＩの構想と公共空間論は密接な関係がある。

じつは科学者のなかにもこのような公共空間での議論の必要性を唱えている人や、公共空間での議論にどのような貢献をすべきか指摘している人がいる。たとえば、ｉＰＳ細胞（人工多能性幹細胞)の作製に成功し、二〇一二年にノーベル賞を受賞した京都大学の山中伸弥は、ゲノム編集技術を社会としてどのようにコントロールするか、どこでどのように規制をかけるのかについては、市民に開かれた議論が必要だと主張している[4]。また朝永振一郎は、オランダで水害から民を守るため、ゾイデル海のダム建設に委員長として積極的にかかわった物理学者ローレンツの例を紹介しながら、公共空間での議論に科学的データを提供する物理学者の役割について述べている[5]。ローレンツは大物理学者で、アインシュタインの特殊相対性理論の論文の冒頭に出てくるローレンツ変換を定式化した人物である。彼はこの委員長職が大変な仕事であることを理解していたが、自己の能力をこの事業につぎこむことがオランダ国民としての義務(一般的道徳責任)であると考えて、これを引き受けた。つまり、科学者の社会的責任には、こういった公共空間での議論に寄与することもふくまれるわけである。もちろんこうした公共空間での議論への科学者の起用には、「技術文化」[6]の醸成も必要だろう。また、公共空間での専門家起用のありかたの文化差についても考察が必要になるだろう[7]。

それでは、公共空間での議論をするためには何が必要だろうか。おそらくは「少しでも不満があれば、批判があれば、自分のまわりのことに関しても声を上げて譲らない公共の議論のありかた、それを支えるメンタリティ」[8]が必要となるだろう[9]。そして、このメンタリティを鍛えることは、リベラルアーツ論と無関係ではない。環境や健康、安全などにかかわる日本の将来に関する国の意思決定を他人まかせにせず、自ら調べて考える力を養い、他者と議論する力を養うこと、つまりリベラルアーツ教育は公共空間を育むことにつながる。次項で詳しく説明しよう。

リベラルアーツとシティズンシップ

リベラルアーツとは、人間が独立した自由な人格であるために身につけるべき学芸のことを指す。ラテン語のアルテス・リベラレスを語源とし、古代ギリシャを源流とする概念であり、人間が奴隷ではなく自立した存在であるために必要とされる学問を意味する。この概念は、ローマ時代の末期に自由七科（文法学、修辞学、論理学、算術、幾何学、天文学、音楽）の形で具現化され、中世ヨーロッパの大学での教育の礎を提供した。

現代の日本に奴隷制度はないが、自立した自由な人格であるためには何が必要だろうか。現代の人間は自由であると思われているが、じつはさまざまな制約を受けている。日本語しか知らなければ、他言語の思考が日本語の思考とどのように異なるのか考えることができない。また、ある分野の専門家になっても、他分野のことをまったく知らないと、目の前の大事な課題について他分野の人と効果的に協力することができない。気づかないところでさまざまな制約を受けている思考や判断を解放させること、人間を種々の拘束や制約から解き放って自由にし、自立した思考をするために必要な知識や技芸がリベラルアーツである。

このようなリベラルアーツは、ただ多くの知識を所有しているという静的なものではない。自ら思考する力が必要となる。自分とは異なる専門や価値観をもつ他者と対話しながら、他分野や異文化に関心をもち、他者に関心をもち、自らのなかの多元性に気づいて自分の価値観を柔軟に組み換えていく。そのような開かれた人格を涵養するのがリベラルアーツ教育である。

したがって、異分野あるいは他のバックグラウンドをもった人や、他の組織に属する人と対話できる力が必要となる。本書でも何度か言及してきたRRIの三つのエッセンスは、「議論を開く」「相互討論を展開する」「新しい制度化を考える」であるが、三番目の新しい制度化の前に「相互討論を展開する」があることに注意しよう。相互討論には、異分野との対話の力が必要となる。異分野協力から新しい地平が開けることは多々ある[10]。

さて、異分野との対話から上記のような開かれた人格を涵養するためには、専門分野の枠をただ越えるだけではなく、枠を「往復」する必要がある。ここで往復には二種類の意味がある。一つは、異なるコミュニティの往復という意味であり、自らの専門性を相対化することである。二つ目の意味は、学問の世界と現実の課題との間の往復、あるいは専門的知性と市民的知性との間の往復の意味である[11]。往復することによってはじめて、ひとつの視点に拘泥せず、別の視点からものごとを見られる力が身に着く。三島憲一は、被害者の側へと視点を転換する能力は公共の議論がもつ重要な能力であると指摘する[12]。これは、公共空間(公のことを公で議論する場）を支える力はリベラルアーツ（視点の転換をする力をふくむ）であると言っているに等しい。

このような往復の力を身につけてこそ、「壁を所与と考えない人」「既存の壁を再編する制度設計をする人」の育成が可能になるだろう。そこには、個人や組織の責任追及にとどまらず、新たな制度設計を行う力、制度・規則は自分でつくるものという能動性、そして一度つくったものを何度でも書き換えることができるという意識（壁を固定して考えない）の醸成がある。壁を固定して考えない自由な思考（Open the mind）は、リベラルアーツの原点でもある[13]。バートランド・ラッセルの言葉にもあるように、「教育の主な目的は、これまであたりまえと思われてきたことに対して問いを発し、疑ってかかるよう」勇気づけることである[14]。

こうしたリベラルアーツ教育は、じつはシティズンシップ教育とつながっている[15]。シティズンシップとは市民性を指し、市民が市民権を責任もって行使することを指す。市民をたんなる経済活動の中の受動的アクターとしてみるのではなく、能動的な主体としてみる見方である。たとえば米国には、気候変動の公平性（クライメートジャスティス）を唱え、自国をふくむ先進国の二酸化炭素排出量規制をめぐる行動は、負担の公平性という意味である種の不正義であると訴え、政府を動かそうとする活動がある。そういったことを能動的に行うのがシティズンシップである[16]。このように、市民の側から世界を変えていくための市民の力、シティズンシップを涵養することは、明らかに公共空間を支えると考えてよいだろう。

リベラルアーツの可能性は、そして特に専門教育を受けたあとのリベラルアーツ教育(後期教養教育)[17]の可能性は、システムの問題を個人の問題として考えた後、つまり他人ごとでなく「自分ごと」化した後に、それを個人の生き方で引き受けようとするのではなく、システム自体を変えることによって乗り越えることを模索し、異分野と協力する道をさぐることだと考えてよいだろう。実際、「真理は一つか」「代理出産は許されるか」といった簡単に答えのでない問いを異分野の人と議論する経験は、明らかに学生を変える[18]。問いを分析する、言葉の一つ一つを吟味する、問いを分類する、論を組み立てる、立場を支える根拠を明らかにする、前提を問う、立場を入れ替えてみる、複数の立場の往復、という八つの要素を含むリベラルアーツ教育における演習は、公共空間での議論に役立つだろう[19]。

リベラルアーツおよび教養[20]についての論客の一人である斎藤兆史は、原子力発電所、ダム建設、安楽死…といった課題を一つ一つつぶさに検討してみれば、それぞれに細かい論点をふくんでおり、賛否どちらかの立場が絶対的な正義ではないことがわかること、そして正義を見極め、さまざまな視点から状況を分析して自分なりの行動原理を導くバランス感覚(センス・オブ・プロポーション)を身につけることが、教養そしてリベラルアーツを身につけることの一つの指標になるとしている[21]。この斎藤によるバランス感覚(センス・オブ・プロポーション)の記述は、ＲＲＩの概念を提唱したフォン・ショーンベルクによる「共責任の倫理」とは、学際的で文化共通のものであり、相反する職業上の役割責任の間のバランスをとり、評価の判断基準を提供するものである」[22]という文章と呼応している。そしてこのセンス・オブ・プロポーションは、三島がいうところの「視点を転換する」力をもち、公共空間での議論を支え、システムの問題をシステム自体を変えることによって乗り越えようとする道を拓くだろう。

これからの時代の責任

それでは、ＲＲＩを援用してシステムの問題をシステム自体を変えることによって乗り越えようとする道を拓き、公共空間（システムの問題を皆で議論する場）を作り、リベラルアーツ教育によって「既存の壁を再編する制度設計をする人」を育てたのち、現代の科学者の社会的責任はどのようなものになるだろうか。朝永が言及したように、公共空間での議論にデータを提供する科学者の役割も重要なものとなるだろう。また、最先端の科学技術と社会との接点に発生する、簡単に答えのでない問題について共に議論する（相互討論を展開する）ことも必要となるだろう[23]。

このようなリベラルアーツやシティズンシップ（能動的な市民性）を考慮すると、科学者の助言のありかたや、政府から市民への発信のありかたも変わっていく必要がでてくる。たとえば東日本大震災直後、政府や専門家は、無用なパニックを避けるために安全側に偏った情報のみを流し、ただちに問題はないと言い続けた。幅があっても偏りのない系統的知識(第4章参照)を流すことができなかった。しかし、無用なパニックを起こすほど日本人の知性は低いのだろうか。政府や専門家は、国民のリテラシーを低くみていたからこそ、安全側に偏った情報を流したのではないか。そして逆説的なことに、安全側に偏った情報しか流さない政府を市民が信用しなくなるという現象が起きたのである[24]。

第4章でも扱ったように、行動指針となる一つの統一見解を出すのが科学者の責任なのか、それとも幅のある助言をして、あとは市民に選択してもらうのが責任か。それは社会との関係の成熟の度合いによって変容していくものだろう。後者の立場をとる場合、専門家の意見は割れて当然であると市民が考え、異なる意見を言う複数の専門家の意見を聞いたうえで最後は市民が決める必要がある。そのためには、市民の側も、専門家に行動基準を一つに決めてほしいと丸投げするのではなく、幅のある情報のなかから自ら選択する力(シティズンシップ)をもつ必要がある。そのような意味で、専門家の社会的責任は、市民性の成熟度、そして社会の成熟度の関数なのであり、市民や社会との関係をどう構築するかによって影響を受ける[25]。したがって科学者による助言は、各国における市民性の成熟度や文化差といったものとの関係を考慮する必要があるだろう。

同時に、最先端の科学技術と社会との接点に発生する簡単に答えのでない問題について共に議論することを重視した場合、科学者の論文数のみに偏った現在の業績評価制度は、再考されるべきだろう。現在の業績評価は論文数に重きがおかれているために、社会に対する責任を考える余裕がない。これは研究不正の土壌でもある。[26] さきにふれたローレンツのような社会の問題への貢献が、「国民としての責任」として社会で大きく評価される土壌が必要だろう。土壌を耕す cultivate という言葉は、文化 culture そして教養 culture につながる。[27] 公共空間での議論に科学者が責任を果たし、かつ公共空間を育てる技術文化の醸成とそれを支える市民の教養が求められる。それは、社会全体としての「生きる力」につながるだろう。そして、このような公共空間での議論に対する責任は、第2章で扱った責任の三つの相（研究者集団内部を律する責任、製造物責任、呼応責任）が交錯する位置にある。

あとがき

筆者は一九八一年四月に東京大学理科一類に入学した。高校時代、特殊相対性理論の原著翻訳を読んでいた物理少女は、唐木順三の『科学者の社会的責任についての覚え書』に衝撃を受けるとともに物足りなさを感じ、いつか科学者の社会的責任について論じられる人間になりたいと思った。それから三七年を経てようやくあのときの夢が形になったのが本書である。科学技術社会論の国際的潮流のなかに位置づけてはじめて、当時自分が浸かっていた日本の科学者の社会的責任論が、どのような特徴をもっていたのか相対化することができた。

さて、二〇〇二年に仲間とともに日本で科学技術社会論学会をたちあげてから一六年たった。この間のさまざまな経験が本書に生かされている。たとえば、二〇〇二年から三年間、科学技術振興機構の予算を得て、「公共技術のガバナンス——社会技術理論の構築にむけて」プロジェクトを主導したが、そのときの事例分析は、第4章に生きている。また、二〇〇六年には放送大学の科目『社会技術概論』の教材作成のために英国ロケに行ったが、当時の英国でのナノジュリー（ナノテクノロジーを対象とした市民陪審員制度）および討論型サイエンスカフェ取材の経験は、第5章を書くのに役にたった。

二〇一〇年に科学技術社会論学会は、国際科学技術社会論学会を東京に誘致して合同会議を開催した。実行委員長として奔走した日々から一年もたたないうちに東日本大震災が発生した。日本は科学技術立国をうたっていたのにどうしてあのような事故が起きてしまったのか。本書にもでてくる問いを胸に抱きながら、三大災害(地震・津波・原子力発電所事故)に対して科学技術社会論は何ができるのかを模索した。日本学術会議や各大学や研究会での講演だけでなく、二〇一三年にはIAEAにもよばれて、福島県立医科大学の医師らとともに災害後の科学コミュニケーションについて議論した。この経験から、第4章から7章にあるように、科学者の社会的責任が市民との関係性によって形作られるのだと考えるようになった。私をIAEAによんだ応用健康部のチェム部長は、福島で医師と市民との間でコミュニケーション問題がおこった一因として日本の医学教育における教養教育の貧弱さまであげた。同じ年に東京大学の総長補佐として後期教養教育(専門を学びはじめてからの教養教育)の設計をしていた私は、IAEAにきてまで教養教育の話を聞くことになろうとはと驚嘆した。その経験は、第7章の立論に生かされている。

ウィーン大学のフェルト教授、マーストリヒト大学のバイカー教授はじめ国際科学技術社会論学会の仲間からは、二〇一六年、二〇一七年の同会議の場で、欧州RRIのコンセプトが福島事例にどのように応用可能であるか、そしてRRIへの批判として何があるかについて多くの示唆的コメントをもらった。彼らとの交流は、常に私の原動力になっている。

本書は、『科学』の二〇一八年一月号から八月号に連載した原稿をもとに作られている。この雑誌に一九五〇年代に掲載された論考を本書で引用しながら、『科学』は一つの公共空間として機能していると強く思った。連載中にお世話になった同編集部の田中太郎氏、そして連載を書籍にするために助言をいただいた岩波書店の押田連氏にお礼申し上げる。なお、本書の注にあるＵＲＬの情報は、とくに表記のないものはすべて二〇一八年八月二六日現在のものである。

二〇一八年夏

藤垣裕子

注

1 社会的存在としての科学者

(1) 池内了，科学・技術と現代社会(上巻)，みすず書房，2014，p. 244.
(2) 村上陽一郎，科学者とは何か，新潮選書，1994，p. 34-38.
(3) R. Merton, The Sociology of Science: Theoretical and Empirical Investigations, University of Chicago Press, 1973.
(4) 藤垣裕子，専門知と公共性――科学技術社会論の構築にむけて，東京大学出版会，2003.
(5) カール・ミッチャム編，岡本拓司監訳，科学・技術・倫理百科事典，丸善出版，2011，の「責任」の項(ハンス・レンク執筆)，とりわけ p. 1324(原著は 2005 年刊).
(6) Vannevar Bush, Science: The Endless Frontier, Washington, D. C.: GPO, 1945.
(7) 前掲ミッチャム編，p. 1320-1326.
(8) もちろん原子核物理学者のなかには，「科学の研究開発はあくまで善の側」という言い回しをしない学者もいた.「物理学者の原罪」という言葉にそれが現れている．第 4 章参照.

2 責任の 3 つの相

(1) この考え方は，行為責任／役割責任／一般的道徳責任の分類のうち，行為責任の考え方(自分の行為の結果や帰結に対して責任をもつ)である．前掲ミッチャム編，p. 1329-1334.
(2) エマニュエル・レヴィナス，合田正人訳，存在の彼方へ，講談社学術文庫，1999，および，瀧川裕英，責任の意味と制度――負担から応答へ，勁草書房，2003.
(3) On Being a Scientist: Responsible Conduct in Research. 米国科学アカデミー編，池内了訳，科学者をめざす君たちへ――科学者の責任ある行動とは，化学同人，1996．この冊子は 13 章からなり，科学の社会的基礎，実

験テクニックとデータの扱い方，科学における価値観，利害による衝突，出版と公開，業績評価とその表記，著者名の扱い方，科学上の間違いと手抜き行為，科学における不正行為，科学的倫理違反とその反応，社会のなかの科学者などの項目について，丁寧に説明されている．9割がたは，研究者共同体のなかで守るべき責任であるが，第12章「社会のなかの科学」では，科学の生産物が社会に与えるインパクトへの責任，一般の人に科学の中身や過程を教える役割に言及している．

(4) たとえば，公開シンポジウム「科学研究の規制と法――研究不正をどう扱うべきか？」東京大学医学部研究教育棟，2014年9月28日の場では，このような点が議論となった．

(5) 藤垣裕子，科学者の社会的責任と科学コミュニケーション，藤垣裕子・廣野善幸編，科学コミュニケーション論，東京大学出版会，2008，第13章．

(6) 特に2011年の東日本大震災後は，専門家の社会リテラシーについての議論が活発に行われた．たとえば，科学技術・学術審議会「東日本大震災をふまえた今後の科学技術・学術政策の在り方について」(建議)平成25年1月17日参照．

(7) 朝永振一郎，原子核研究と科学者の態度，中央公論1955年1月号，朝永振一郎著作集6：開かれた研究所と指導者たち，みすず書房，1982年所収．

(8) B. Wynne, Knowledge in Context, *Science, Technology & Human Value*, 16, 1991, p. 111.

(9) 『現代用語の基礎知識』一九九七年版を参照．

(10) 杉山滋郎，水俣病事例における行政と科学者とメディアの相互作用，藤垣裕子編，科学技術社会論の技法，東京大学出版会，2005，第1章．

(11) 「動作中の科学」(Science in the Making)については，Bruno Latour, Science in Action: How to Follow Scientists and Engineers through Society, Harvard University Press, 1987.

(12) S. Miller, Public Understanding of Science at the Crossroads, *Public Understanding of Science*, 10, 2001, p. 115.

(13) 「発掘！あるある大事典Ⅱ」とは，1996年から2007年1月まで関西

テレビが制作，フジテレビ系列で毎週日曜に放送されていた番組である．ある食品が健康によいという内容を実験を使って示し，ゲストとともに納得する構成であった．しかし，過去の放映の中で紹介された実験のなかに，根拠が不明であったりデータが捏造されたりしているのではと疑われる内容が複数あったため，2007年1月に社会問題化した．

（14） Japanese TV Show Admits Faking Science, *Nature*, 445, 2007, p. 804.

（15） T. W. Burns, et al., Science Communication: A Contemporary Definition, *Public Understanding of Science*, 12, 2003, p. 183.

（16） 日本経済新聞2007年2月24日夕刊.

（17） 前掲ミッチャム編，p. 1330.

（18） 同上，p. 1332.

（19） 藤垣裕子，研究不正とは何か――専門誌共同体と研究者集団の自律性をめぐって，科学技術社会論研究，14，2017，p. 11-21.

（20） *Nature*, 439 (12 Jan. 2006), p. 118.

（21） N. Wade and C. Sang-han, Researcher Faked Evidence of Human Cloning, The New York Times, 10 Jan. 2006.

（22） ここで一般誌は，査読システムを科学者による真偽境界の「境界作業」としてとらえていることがわかる．科学論で境界作業(boundary-work)の考え方とは，境界がはじめから本質的に存在するとする「境界画定問題」(demarcation-problem)として扱うのではなく，境界は「人々が引こうとする」ものであるととらえる．境界画定問題では，科学と非科学とを分ける“本質”を探ろうとするのに対して，境界作業では，人々が境界を引こうとする作業をていねいに記述する(T. F. Gieryn, Boundaries of Science, in S. Jasanoff, et al. (eds.), Handbook of Science and Technology Studies, Sage, 1995).

（23） 日本経済新聞2005年12月24日朝刊7面(東京版)記名記事.

（24） たとえば，Standards for Papers on Cloning, *Nature*, 439 (19 Jan. 2006), p. 243.

（25） *Nature*, 439 (19 Jan. 2006), p. 252.

3　科学の原罪論と役割責任

(1)　朝永振一郎，物質科学にひそむ原罪，朝永振一郎著作集4：科学と人間，1982，p. 103–119.

(2)　R. Oppenheimer，“Arthur D. Little Memorial Lecture” at M. I. T. 25 November 1947. この記念講演は，以下に所収．J. Robert Oppenheimer, Physics in the Contemporary World, *Bulletin of the Atomic Scientists*, 4(3)，1948，p. 66.

(3)　前掲朝永，物質科学にひそむ原罪，p. 114.

(4)　同上，p. 118.

(5)　ちなみに吉岡斉によると，「科学者の社会的責任についての古典的な定式化をおこなった世界科学労働者連盟について見る限り，原爆投下によって，科学者たちがみずからの罪に気づき，倫理的責任を真剣に考えるようになった，という説明はあてはまらない.」「ヨーロッパにおける科学者の社会的責任の思想には，科学者の罪の意識が，ほとんど含まれていなかった」(吉岡斉，科学者はかわるか――科学と社会の思想史，社会思想社，1984，p. 22–23).

(6)　唐木順三，科学者の社会的責任についての覚え書，筑摩書房，1980，p. 127–128(ちくま学芸文庫，2012，p. 95–96).

(7)　前掲ミッチャム編，p. 1329–1334.

(8)　Russel-Einstein Manifesto, 9 July 1955.

(9)　2016年2月5日に田町で開催されたパグウォッシュ会議運営諮問委員会で実際にかわされた議論による.

(10)　ここで注意してほしいのは，個人としての人道性の英語が humanity である点である．humanity には4つの意味がある．1)人類，人間，2)人間性，人間らしさ，3)思いやり，慈悲心，そして4)人文学である．一人の人間としての良心の責任は，科学者の社会的責任といっても，広く人文学や社会科学の側面から問われるものなのかもしれない.

(11)　*Bulletin of the Atomic Scientists*, 13(7)，1957，p. 252.

(12)　同上，項目9で「伝統」についてのべ，項目10で科学の国際協力の伝統について述べている.

(13)　日本の物理学者たちの第二次世界大戦直後および1950年代の反戦運

動，1960年代のベトナム反戦運動や米軍資金への対応，1970年代の「物理学者の社会的責任」シンポジウム等については以下を参照．山崎正勝，平和問題と原子力——物理学者はどう向き合ってきたのか，日本物理学会誌，71(12)，2016；杉山滋郎，「軍事研究」の戦後史——科学者はどう向き合ってきたか，ミネルヴァ書房，2017；河野洋人，日本物理学会における「物理学者の社会的責任」シンポジウムとその社会的文脈——白鳥紀一氏へのインタビューをもとに，東京大学科学技術インタープリター養成プログラム修了論文集，2014，p. 191-219．反戦運動や軍資金導入反対を行うことは明らかに the paramount responsibility of scientists outside their professional work であり，役割責任と一般的道徳責任が渾然となったものである．

(14)　日本物理学会は今後内外を問わず，一切の軍隊からの援助，その他一切の協力関係をもたない(1967年9月9日)．

(15)　中山茂，科学と社会の現代史，岩波現代選書，1981，p. 120-122.

(16)　広重徹，近代科学再考，朝日選書，1979.

(17)　同上，p. 22-25.

(18)　前掲中山，p. 112.

(19)　有本建男・佐藤靖・松尾敬子・吉川弘之，科学的助言——21世紀の科学技術と政策形成，東京大学出版会，2016.

(20)　藤垣裕子，戦後70年と科学技術政策，神奈川大学評論，81，2015，p. 73-82.

(21)　たとえば，湯川秀樹，現代科学と人間，岩波書店，1961；朝永振一郎，朝永振一郎著作集5：科学者の社会的責任，1982；武谷三男，科学者の社会的責任——核兵器に関して，勁草書房，1982など．また，日本物理学会では，1977年から会員有志の主催によって「物理学者の社会的責任」シンポジウムが継続的に開かれている．

(22)　A statement of 21 Japanese physicists who support the Pugwash Conferences sent by telegram on 3 April 1958, from Hideki Yukawa, Kyoto, Japan, to Bertrand Russell. これについては以下を参照．小沼通二，ビキニからパグウォッシュへ，科学史研究，第5巻，No. 277，p79-88，2016

(23) 原子力をコントロールすることによって物理学者の社会的責任を果たそうとした実践としては以下を参照．坂田昌一(樫本喜一編)，原子力をめぐる科学者の社会的責任，岩波書店，2011.
(24) 藤垣裕子，福島事故の背後にあるもの――科学技術ガバナンスでも世界に誇れる国か否か，日本原子力学会誌，59(10)，2017，p. 19-23.
(25) この点については唐木順三が著書の中で次のように指摘している．「科学者たちは「核兵器は絶対悪なり」といふ判断，価値判断を，社会一般に対して下しながら，科学者自身に対しての，或ひはその研究対象，研究目的に対しての善悪の価値判断を表白することは稀である」(前掲唐木，科学者の社会的責任についての覚え書，p. 127).
(26) この時代の科学者の社会的責任が「行動する」の軸にあったことは，日本に限った話ではない．たとえばベトナム戦争当時に米国物理学会であった動きについては，以下参照．C. Schwartz，A Physicist on Professional Organization，in M. Brown (ed.)，The Social Responsibility of Scientist，The Free Press，1971，p. 19-34.
(27) 前掲坂田.
(28) 中岡哲郎，科学文明の曲りかど，朝日選書，1979
(29) 中岡哲郎，もののみえてくる過程，朝日新聞社，1980
(30) 他に，柴谷篤弘，あなたにとって科学とは何か――市民のための科学批判，みすず書房，1977；里深文彦，等身大の科学――80年代科学技術への構想，日本ブリタニカ，1980；中村禎里，科学者――その方法と世界，朝日選書，1979，などがある.
(31) ちなみに1981年当時の東京大学全学一般教育ゼミナール「自己形成としての教養と学問」では，知識人の自己否定論が議論され，物理学研究会同人誌では科学の体制化論が議論された(ニュートリノ，物理学研究会，15 (1981年11月21日))．また，当時の理科系の学生用の『哲学概説』(廣松渉担当)の授業では，疎外論が批判的に検討されたうえで物象化論が展開された(廣松渉，事的世界観への前哨――物象化論の認識論的=存在論的位相，勁草書房，1975).
(32) 「科学にこだわりながら科学批判をする立場から，体制内で行われて

いる科学と，非専門家の市民との間のどうしようもない矛盾ということに気づいた．(中略)専門性をひっかぶりながら，体制側と市民の間に置いて，両方からのプレッシャーのなかに，ちょうど矛盾の吹き溜まりみたいなところに自分を置いて，そこからスタートする，そういう方法論なんです」(高木仁三郎，わが内なるエコロジー，農山漁村文化協会，1982，p. 150)．彼は徹底して生活者の自然科学，作品性をもつ科学を訴えるが，このような作品性をもつ科学は，当然のことながらIF(インパクトファクター)などで引用度が数値化される論文生産にはなじまない．生活者の自然科学は体制化科学の対極にあったのである．

(33)　花崎皋平，生きる場の哲学——共感からの出発，岩波新書，1981.

(34)　川本隆史，科学と倫理のあいだ——「科学者の社会的責任」をめぐって，理想，628，1985，p. 130–141，esp. p. 139.

4　不確実性下の責任

(1)　“questions which can be asked of science and yet which cannot be answered by science”

(2)　たとえば，「運転中の原子力発電所の安全装置がすべて，同時に故障した場合，深刻な事故が生じる」ということに関しては，専門家の間に意見の不一致はない．これは科学的に解答可能な問題なのである．科学が問い，科学が答えることができる．他方，「すべての安全装置が同時に故障することがあるかどうか」という問いは「トランス・サイエンス」の問いなのである(小林傳司，トランス・サイエンスの時代，NTT 出版，2007，p. 124)．

(3)　橋本道夫，私的環境行政，朝日新聞社，1988，p. 126–127.

(4)　1983 年 5 月に設置許可のでた原子力発電所「もんじゅ」に対し，近隣住民が設置許可は無効として行政訴訟をおこしたもの．2000 年 3 月に福井地裁で住民側は敗訴，2003 年 1 月に名古屋高裁金沢支部で住民側勝訴，2005 年 5 月最高裁判決で住民側が敗訴した．1980 年代の設置許可の安全審査の過程に看過しがたい過誤があったかどうかが問われ，工学者の判断の範囲，行政訴訟の判断の範囲をめぐる論争がおこった．詳細は，小林傳司，もんじゅ訴訟からみた日本の原子力問題，前掲藤垣編，科学技術社会論の技法，

p. 43-74.

(5) 1985年5月から1986年4月の間の非加熱製剤の投与により，エイズに感染して死亡した血友病患者に対し，当時非加熱製剤の安全性について議論していた委員会の長である医師と厚生省課長と製薬会社の責任が問われた事件．この委員会の意思決定の際，非加熱製剤の危険性がどのくらい世界で共有されていたかが争点となり，医師の考える責任の範囲と法律家の考える責任の範囲との差異も議論となった．詳細は，廣野善幸，薬害エイズ問題の科学技術社会論的分析にむけて，前掲藤垣編，科学技術社会論の技法，p. 75-99.

(6) 同上廣野論文，p. 87-93.

(7) Beef Scandal in Japan, *Nature*, 413, 2001, p. 333.

(8) 松原望，環境学におけるデータの十分性と意思決定判断，石弘之編，環境学の技法，東京大学出版会，2002，p. 167.

(9) ジョン・フォージ，佐藤透・渡邉嘉男訳，科学者の責任――哲学的探求，産業図書，2013.

(10) 朝日新聞2012年1月21日夕刊(東京版)2面記事など参照.

(11) 2002年にファイル交換ソフトウェアWinnyを開発した元東大助手が，2004年5月に違法ファイルコピーを幇助した罪で逮捕，起訴された．2006年12月に京都地裁で有罪判決，2009年10月には大阪高裁で逆転無罪判決，2011年12月の最高裁で無罪が確定した．現行の法律からみて開発者の行為は著作権侵害を幇助するという意味で罪であると考える派，現在の技術によって簡単に著作権法違反が発生してしまう現状のほうが問題であり，技術の進歩とともに法律も進化するべきとする派，などがある．また，違法ファイルコピーを可能とするソフトウェアを開発した技術者は，著作権侵害を幇助したことになるのか否かが争点となった．詳細は，調麻佐志，最先端技術と法――Winny事件から，前掲藤垣編，科学技術社会論の技法，p. 199-219.

(12) フォージはこの点を「手段原則」のなかの主目的と二次的目的という形で論じている(前掲書，p. 218)．兵器開発は主目的であるが，Winnyによる違法コピーは二次的目的ということになる．

(13) Dealing with Disasters: Perspectives on Fukushima from the Histo-

ry and Social Studies of Science and Technology, HSS/SHOT/4S Joint Plenary 3 Nov. 2011, Cleveland.

(14)　大西隆，ポスト 3. 11：変わる科学技術立国――科学者の役割は，日本経済新聞 2012 年 2 月 20 日朝刊(東京版)11 面.

(15)　科学技術社会論学会第 10 回年次研究大会(京都)，2011 年 12 月.

(16)　セオドア・T・ポーター，藤垣裕子訳，数値と客観性，みすず書房，2013，p. 286.

(17)　同上，p. 280.

(18)　広渡清吾，学者にできることは何か，岩波書店，2012，p. 73 および p. 123.

(19)　幅のある助言のありかたについては，日本学術会議の「科学者からの自立的な科学情報の発信の在り方検討委員会」で詳細にわたって検討された(2013 年 9 月から 2014 年 9 月)．たとえば，安全性あるいは危険性の判断にたいして専門家の意見に幅があるときに，「生のデータ」「データの解釈」「データを基礎とした選択肢の決定」「選択肢の提示」「選択肢にたいする専門家の意見分布」のなかのどれを公開すべきかなどを議論した.

(20)　R. A. Pielke, Jr., The Honest Broker: Making Sense of Science in Policy and Politics, Cambridge University Press, 2007, v.

(21)　21st Century GCSE Science: GCSE Science Higher, Oxford University Press, 2006.

(22)　市民性．市民が市民権を責任もって行使すること．たとえば，エコロジカル・シティズンシップ(アンドリュー・ドブソン，福士正博・桑田学訳，シチズンシップと環境，日本経済評論社，2006)，ジェネティック・シティズンシップ(デボラ・ヒースほか，仙波由加里訳，ジェネティック・シチズンシップとは何か，現代思想，32(14)，2004，p. 173-189)などがある.

5　科学の倫理的・法的・社会的側面

(1)　https://ec. europa. eu/programmes/horizon2020/en/h2020-section/responsible-research-innovation 参照.

(2)　Yuko Fujigaki, Case Studies for Responsible Innovation: Lessons

from Fukushima, in F. Ferri, et al. (eds.), Governance and Sustainability of Responsible Research and Innovation Process: Cases and Experiences, Springer, 2018, p. 13-18.

(3) ELSI概念とRRIとの関係の詳細については，以下を参照．J. Stilgoe and D. H. Guston, Responsible Research and Innovation, in U. Felt, et al. (eds.), The Handbook of Science and Technology Studies, 4th edition, The MIT Press, 2017, p. 853-880および，吉澤剛，責任ある研究・イノベーション――ELSIを越えて，研究技術計画，28(1)，2013，p. 106-122.

(4) OTA: Office of Technology Assessment.

(5) TA実施機関には3つのタイプがある．1つは独立機関型で，デンマークDBT(技術評価局)，オランダNORAT(技術研究局)など，議会からも行政からも独立したタイプ．2つめは議会付属型で，英国OST(議会科学技術局)，フランスOPECST(議会科学技術政策評価局)，ドイツTAB(議会技術帰結評価局)など，議会に附置されているタイプ．3つめが行政機関型で，スイスのサイエンスカウンシル(内務省のなかにある)などである．

(6) 「科学に聞くことはできても答えることができない」トランス・サイエンスの領域では，発言資格をもつのは専門家だけではない．そこで憂慮する人々や一般市民，関与する人々の参加が必要となるのである．詳しくは以下参照．小林傳司，科学技術への市民参加，小林信一他著，社会技術概論，放送大学教育振興会，2007，第8章p. 107-126.

(7) 藤垣裕子，海外の社会技術，前掲小林信一他著，社会技術概論，第13章p. 177-189.

(8) コンセンサス会議とは，科学技術に関する特定のテーマについて，専門家ではなく一般の人々から公募された市民パネルが，公開の場でさまざまな専門家による説明を聞き，質疑応答をへて，市民パネル同士で議論をして，市民パネラーの合意(コンセンサス)をまとめ，広く公表すること．コンセンサス会議以外のPTAの手法としては，市民陪審員制度，シナリオ・ワークショップなどがある．

(9) 原語は，Upstream Engagement. J. Wilsdon and R. Willis, See-Through Science: Why Public Engagement Needs to Move Upstream, De-

mos, 2004.

(10) 透明性(transparency)とは，意思決定のプロセスが他から観察・監視可能という意味で透明であり，密室の見えないところでの意思決定ではないという意味である．

(11) A. Rip, W. S. Johan, and T. J. Misa, Constructive Technology Assessment: A New Paradigm for Managing Technology in Society, in A. Rip, et al. (eds.), Managing Approach in Society: The Approach of Constructive Technology Assessment, Pinter (London), 1995, p. 1-12.

(12) R. von Schomberg, Organizing Collective Responsibility: Our Precaution, Codes of Conduct and Understanding Public Debate, in U. Fiedeler, et al. (eds.), Understanding Nanotechnology, AKA Verlag, 2010, p. 61.

(13) 同上，p. 62. 強調は引用者による．

(14) 同上，p. 62.

(15) R. von Schomberg, Prospects for Technology Assessment in a Framework of Responsible Research and Innovation, in M. Dusseldorp and R. Beecroft (eds.), Technikfolgenabschätzen lehren: Bildungspotenziale transdisziplinärer Methoden, VS Verlag, 2011, p. 9.

(16) https://ec.europa.eu/programmes/horizon2020/what-horizon-2020

(17) https://ec.europa.eu/programmes/horizon2020/en/h2020-section/responsible-research-innovation

(18) それぞれ，たとえば『ロングマン英英辞典』(1987)の当該箇所参照．

(19) たとえばWikipediaのELSIの定義は次のようになっている．The acronyms ELSI (in the United States) and ELSA (in Europe) refer to research activities that anticipate and address ethical, legal and social implications (ELSI) or aspects (ELSA) of emerging life sciences, notably genomics and nanotechnology.（下線は引用者による）

(20) さまざまな含意を包み込む包括的概念を指す．たとえばsustainable(持続可能な)といった言葉もこれに入る．A. Rip and J.-P. Voss, Umbrella Terms as Mediators in the Governance of Emerging Science and Technolo-

gy, *Science, Technology and Innovation Studies*, 9(2), 2013, p. 39–59.

6 責任ある研究とイノベーション

(1) Marina Project (Marine Knowledge Sharing Platform for Federating Responsible Research and Innovation Communities), https://www.marinaproject.eu/参照.

(2) MML–WS: Mobilization and Mutual Learning Work Shop.

(3) F. Ferri, et al., The MARINA Project: Promoting Responsible Research and Innovation to Meet Marine Challenge, in F. Ferri, et al. (eds.), Governance and Sustainability of Responsible Research and Innovation Process, p. 71–81.

(4) Horizon 2020で定義されている社会的課題(健康，食品安全，安全なエネルギー確保，輸送，気候変動や資源確保へのアクション，変動する国際情勢のなかの欧州のありかた等)との関連が議論されている．

(5) ASSET (Action plan on Science in Society related issues in Epidemics and Total pandemics), http://www.asset-scienceinsociety.eu/参照.

(6) EnRRICH (Enhancing Responsible Research and Innovation through Curricula in Higher Education) Project, http://www.livingknowledge.org/projects/enrrich/参照.

(7) PRISMA (Piloting Responsible Research and Innovation in Industry) Project, http://www.rri-prisma.eu/参照.

(8) S. M. Flipse and E. Yaghmaei, The Value of 'Measuring' RRI Performance in Industry, in F. Ferri, et al. (eds.), Governance and Sustainability of Responsible Research and Innovation Process, p. 41–47.

(9) International Conference on Responsible Research and Innovation in Science, Innovation and Society 2017 (RRI–SIS 2017), Rome, 25–26th, September. たとえばhttp://stips.jp/20170925-2/参照.

(10) たとえば，平成27年度国立大学教養教育実施組織会議において岩手大学教養教育センター長より報告されたPBL実践例をみると，初年次学生全員で「被災地にでむき，地元の方の話を聞き，岩手県への理解を深めると

ともに，岩手県の復興に自らが何をすべきか，何ができるかを深く考えるきっかけづくりとする」PBL 型の被災地学習などがある(松林城弘，教養教育におけるアクティブラーニングについて，国立大学教養教育実施組織会議，平成 27 年 5 月 29 日).

(11) 国際科学技術社会論学会(Society for Social Studies of Science)の 2017 年年次研究大会(ボストン，2017 年 8 月 30 日から 9 月 2 日)で，Responsible Research and Innovation in Academic Practice というセッションがオーガナイズされ，オーストリア，スウェーデン，オランダ，ドイツ，ノルウェーから事例報告があり，このような議論が展開された.

(12) たとえば，2015 年 6 月 8 日に文部科学省が国立大学法人に対し，人文社会科学や教員養成の学部・大学院の縮小や統廃合を求め，「社会的要請の高い分野」への転換を求める通知を出したこと(「国立大学法人等の組織及び業務全般の見直しについて(通知)，第 3：国立大学法人の組織及び業務全般の見直しの 1(1)「ミッションの再定義」を踏まえた組織の見直し」)や，これを受けて人文社会科学系の存在意義や「役に立つ」の内実について多くの議論が喚起されたことなどが例としてあげられる.

(13) 第 5 章で詳述した Responsible の意味を考えれば，「役に立つ」ことと，Responsible であることは，当然のことながら同じではない.

(14) G. Solbu, Imaginaries of Responsibility and their Performances, Session 296 (Responsible Research and Innovation in Academic Practice II～Anticipation, Care and Responsiveness), 4S Annual Meeting, Boston, September, 2nd, 2017.

(15) Academic strategies to cope with budgeting uncertainty.

(16) R. von Schomberg, Organizing Collective Responsibility: Our Precaution, Codes of Conduct and Understanding Public Debate, in U. Fiedeler, et al. (eds.), Understanding Nanotechnology, p. 62.

(17) U. Beck, Risikogesellschaft, Suhrkamp Verlag, 1986(ウルリヒ・ベック，東廉・伊藤美登里訳，危険社会——新しい近代への道，法政大学出版局，1998)；A. Feenberg, Questioning Technology, Routledge, 1999(アンドリュー・フィーンバーグ，直江清隆訳，技術への問い，岩波書店，2004).

(18) たとえば上野千鶴子編，構築主義とは何か，勁草書房，2001.

(19) 科学論における社会構成主義の代表的著作は，1966年のBerger and Luckmanをはじめとして1970年代から1980年代に書かれている．そのため1970年代に日本で独自に展開された市民運動論のなかには社会構成主義的発想(現在当然視されているものが，なぜそのように見られるようになったのか，知識に権力が発生するプロセスへの問い直しの発想)が少ない．藤垣裕子，「固い」科学観再考――社会構成主義の階層性，思想，973，2005，p. 27-47.

(20) 類似の例として以下をあげる．イギリスのウェルカムトラストでは2003年から2006年に芸術(Arts)が生命科学と関与する資金提供プロジェクトとしてPulseというものを実施し，生命倫理がからむ課題に演劇などを扱っている．さらに，Pulseプロジェクトの後，For the Bestというプロジェクトが芸術分野の資金提供を受けており，腎臓病の子どもと家族の経験を，院内学級の子どもたちが演劇で表現するという取り組みを行っている．http://www.wellcome.ac.uk/Funding/Public-engagement/Funding-schemes/Arts-Awards/index.htmおよびhttp://annaledgard.com/wp-content/uploads/forthebest_evaluation.pdfを参照．これをみると，participatory arts project(参加型芸術プロジェクト)という言葉が使われており，日本でいえば，教育における「アクティブラーニング」と，科学技術社会論における「市民参加」と，芸術家による「一般市民の芸術への参加」という，それぞれ別の文脈で語られているものの統合体のプロジェクトが動いていることが読み取れるのだが，残念ながら日本にくると，もともとつながっている潮流が別々の研究領域に分断されて解釈されてしまい，統合体としてとらえられにくい傾向がある.

(21) 添田孝史は著書(原発と大津波――警告を葬った人々，岩波新書，2014)のなかで，津波研究者からの警告を原子力発電所の防災にうまく生かすことのできなかった中央防災会議，東電，保安院などの組織の陥穽を暴くとともに，自らの所属するメディアの責任も問うたうえで，「怖いのは，組織の中で定年退職までつつがなく過ごし，良い条件の天下りや第二の就職先を確保するためなら，私も彼らと同じようにふるまった可能性が，少なから

ずあることだ」と述べている．

(22)　たとえば2001年9月27日の*Nature*，413，p. 333では，日本におけるBSE発生について言及され，EUからの警告にもかかわらずBSEが発生してしまったこと，およびこの種の問題に対して日本政府の対応が遅いことの例として水俣病やHIVに汚染された血液製剤の事件が紹介されている．しかしこの記事は，痛烈な日本批判であると同時に，日本への期待をも表明している．「日本は，高価だが必要なテストを行って適切な制限処置をとるための経済力と，規制に関する実際的知識をもっていると考えられる．日本は，どういう対策をとればよいかを日本ほど裕福でないアジアの近隣諸国に教えるモデルになることもできたはずだ．ところが，日本は完全に遅れをとってしまった」という第7段落の表現には，日本に対する高い期待が感じられる．こういった期待に対し，システムをどのように再編すれば日本が世界のなかで責任を果たしているとみなされるかを考えることは必須であろう．

(23)　雑誌の引用度を指標化した数字．ある雑誌に掲載された論文がある期間(Citation-Windowという．通常は2年間)に他の雑誌の論文に引用された回数を，その雑誌に掲載された論文総数で標準化することによって算出する．ただし，この値はCitation-Windowをどのように取るかで変わりうる．

(24)　科学技術政策研究所，日本の大学における研究力の現状と課題，NISTEP科学技術・学術政策ブックレットVer. 2，平成25年4月．

(25)　科学技術・学術審議会総会(第43回)，資料1-1，平成25年4月22日．

(26)　もちろん評価の年には各プログラムのPO(プログラム・オフィサー)がプログラムで育てた大学院生にヒアリングをして，現場の声を聞く回路はある．しかし評価のためのヒアリングで「使いにくさ」「阻害要因」を吸い上げて次の制度設計にきちんと取り込めているかどうかはまだ不十分な部分があることは否めない．

(27)　国会事故調報告書，p. 27．

(28)　前掲添田，原発と大津波．

(29)　同上，p. 197-199．

7　これからの時代の責任

(1)　三島憲一，70年後のドイツ――議論による共同学習か，国家の利害か，神奈川大学評論，81，2015，p. 50-60.

(2)　ユルゲン・ハーバーマス，細谷貞雄訳，公共性の構造転換，未來社，1973(新版1994，細谷貞雄・山田正行訳).

(3)　A. Edwards, Scientific Expertise and Policy-making: The Intermediary Role of the Public Sphere, *Science and Public Policy*, 26(3), 1999, p. 163-170.

(4)　NHKクローズアップ現代「"いのち"を変える新技術――ゲノム編集最前線」(2015年7月30日放送)および山中伸弥，iPS細胞と私たちの未来――持続可能な研究のために，現代思想，45(9)，2017，p. 8-22.

(5)　1916年にゾイデル海のまわりの堤防が壊れて多くの犠牲者が出た後，オランダ政府はゾイデル海およびワッデン海に堤防を作ることを計画し，1918年に堤防の高さを決める委員会を立ち上げ，委員長にローレンツを起用した．この堤防の計算には，1)正常時の潮の干満による潮の高さの予測と，2)暴風時の高潮の計算の両方が必要であった．1)については，潮の干満の問題は海洋学者にとっておなじみの問題であったが，それまで海洋学者のやっていたものは深い海の問題ばかりで，水と底との間の摩擦が問題にならないものばかりであった．これに対して水と底との摩擦の問題は土木学者にはなじみ深いものであったが，彼らのやっていたものは川および運河の流れ，つまり定常的な流れの問題ばかりであった．基礎方程式はあったが，ゾイデル海およびワッデン海のように島と島の隙間から浅い砂底の海になだれこんでくる高潮の動きにあてはめてこの式を解くことは大変難しい問題であった．ローレンツは北海から流れ込む潮の波とダムによって反射された波との干渉に気づき，適切なダムの高さの提案に貢献した(朝永振一郎，ゾイデル海の水防とローレンツ，朝永振一郎著作集4：科学と人間，1982，p. 256-265および同巻所収の，科学と技術と政治――1つのケース・スタディ，p. 252-255).

(6)　朝永は，前掲「ゾイデル海の水防とローレンツ」のなかで，堤防事業を科学的なやり方で出発させ，その委員会にローレンツを起用したオランダ

の政治家のありかたを賞賛している．このような土壌は，じつは工学をめぐる「技術文化」にあること，そしてリスク算出の主体が米国では海岸工学の専門家集団に閉じられているのに対し，オランダではデルタプラン法という法律に基づき，議会での議論に開かれていることが，STS(科学技術社会論)研究者によって明らかにされている．W. E. Bijker, American and Dutch Coastal Engineering: Differences in Risk Conception and Differences in Technological Culture, *Social Studies of Science*, 37(1), 2007, p. 143-151.

(7)　ドイツの社会学者レンは，専門家利用のスタイルを4つに分類し，1)対戦型，2)信託型，3)合意型，4)協調組合型に分けている．対戦型は米国に典型的な方式で，賛成－反対それぞれの専門家が対戦する形であり，精確な手続き的ルールにしたがって議論を行う．信託型は英国やオランダの王立協会に見られる専門家利用の方法であり，手続き的ルールはなく，王立協会への情報提供がなされる．合意型は日本の審議会によくみられるもので，専門家と行政官の閉じられた空間でのネゴシエーションが行われ，議論手続きのルールは明確ではない．協調組合型は北欧によくみられる形式で，ある案件に賛成派の市民，反対派市民それぞれに専門家が雇用されて議論がなされ，堅固な手続き的ルールが存在する(O. Renn, Style of Using Scientific Enterprise: A Comparative Framework, *Science and Public Policy*, 22(3), 1995, p. 147-156).

(8)　前掲三島，p. 60.

(9)　ここで声を上げて譲らない態度とは，自分を安全なところにおいて責任を取らないクレーマーという意味ではなく，自らも責任を取る覚悟をもって声を上げて譲らない態度を指す．

(10)　たとえば，榎原雅治，地震研究と歴史学——異分野連携のもつ可能性，科学，88(6)，2018，巻頭エッセイ．

(11)　鷲田清一，パラレルな知性，晶文社，2013.

(12)　前掲三島，p. 36.

(13)　(リベラルアーツの目的は)こころを開くこと，直すこと，再定義すること，そして知識のなんたるかを知り，かみくだき，習得し，自分のものと

し，使えるようにすること，そしてこころそれ自体の能力，応用力，柔軟性，秩序，批評の精度，洞察力，底力，他者への態度，（そして）説得力ある表現に力を与えるものである（John Henry Newman, The Idea of a University, 1854）.

（14） ラッセル卿が Mark Orfinger にあてた手紙（1962 年 3 月 26 日）のなかの言葉. Dear Bertrand Russell, a selection of his correspondence with the general public 1950–1968, George Allen and Unwin, 1969.

（15） たとえばフランスでは，市民教育の一環としての教養が大事にされており，教養教育の主眼は，成熟した市民（シトワイアン），よき優れた市民になることに置かれている（山折哲夫・鷲田清一，教養をめぐる，経済界トップの勘違い，http://www.kokoro-forum.jp/report/toyokeizai0911/）.

（16） アンドリュー・ドブソン，福士正博・桑田学訳，シチズンシップと環境，日本経済評論社，2006.

（17） 東京大学では，専門教育を受けた後の教養教育を後期教養教育と呼んで 2016 年度より実施している．趣意書は以下参照．https://www.u-tokyo.ac.jp/stu04/koukikyouyou.html

（18） 実際にこのような問いを用いた学生の議論の記録については以下参照．石井洋二郎・藤垣裕子，大人になるためのリベラルアーツ——思考演習 12 題，東京大学出版会，2016.

（19） 同上，p. 274.

（20） 教養を論じるときに避けて通れない概念として，少なくとも以下の 3 つのものがある．1 つは本章でも扱ったリベラルアーツであり，2 つめは近代国民国家の形成とともに，ドイツを中心に大学の役割を定式化するために据えられた Bildung（人格の陶冶）概念に基礎をおくものである．近代産業社会の発展にともなって知識が断片化する力に対抗して，文化の「全体性」にむけて個人を陶冶する力を涵養することこそ大学の使命とされた．その意味では，Bildung を源とする教養概念はきわめて国民国家主義的なものである．3 つめは 20 世紀の米国で，専門教育と対置する形で言及されるようになった一般教育（general education）の概念である．すべての人が自由であることを掲げる民主主義国家アメリカでは，すべての構成員に対する教育が必須で

あり，古代の奴隷制社会における貴族主義的理念構造をもつリベラルアーツ概念が批判された(藤垣裕子，後期教養教育と統合学――リベラルアーツと知の統合，山脇直司編，教養教育と統合知，東京大学出版会，2018，p. 37-76).

(21) 斎藤兆史，教養の力――東大駒場で学ぶということ，集英社新書，2013.

(22) R. von Schomberg, Organizing Collective Responsibility: Our Precaution, Codes of Conduct and Understanding Public Debate, in U. Fiedeler, et al. (eds.), Understanding Nanotechnology, p. 62.

(23) 研究者養成におけるこのような能力の育成については，以下参照．標葉隆馬ほか，研究者養成における「科学と社会」教育の取り組み――総合研究大学院大学の事例から，研究技術計画，29(2/3)，2014，p. 90-105.

(24) 藤垣裕子，三大災害(地震，津波，原子力発電所事故)の科学技術社会論的分析，東京大学教養学部報精選集，東京大学出版会，2016，p. 105-107.

(25) 不確実性のある社会でシティズンシップを養成するためには，現実にあるものを批判的にみる視点の涵養という意味で，人文・社会科学の存在も欠かせない.

(26) 研究不正は，研究者の社会的リテラシー(自らの研究成果が社会の中にどう埋め込まれ，展開されていくのか想像できる能力)の欠如によって発生する．第2章でのべたように，社会的リテラシーは研究者の社会に対する責任の1つでもある．藤垣裕子，STAP騒動の背景，毎日新聞2014年4月22日夕刊(東京版)，および藤垣裕子，研究公正とは何か――専門誌共同体と研究者集団の自律性をめぐって，科学技術社会論研究，14，2017，p. 11-21.

(27) cultureは「耕す」を意味するラテン語(colere)に由来し，土地を耕す意味で当初用いられていたが，「心を耕す」の意味で用いられるようになり，そこから「教養」「文化」を意味するようになった．語源由来辞典，http://gogen-allguide.com/

藤垣裕子

1985年東京大学教養学部基礎科学科第二卒業．1990年東京大学大学院総合文化研究科広域科学専攻博士課程修了．学術博士．東京大学助手，科学技術庁科学技術政策研究所，東京大学大学院総合文化研究科准教授をへて，現在同教授．科学技術社会論・科学計量学．
著書に『専門知と公共性──科学技術社会論の構築に向けて』(2003)『科学技術社会論の技法』(編，2005)『科学コミュニケーション』(共編著，2008)『大人になるためのリベラルアーツ──思考演習12題』(共著，2016，以上東京大学出版会) *Lessons from Fukushima* (編，2005，Springer) など．訳書にセオドア・M・ポーター『数値と客観性──科学と社会における信頼の獲得』(2013，みすず書房) など．

岩波　科学ライブラリー　279
科学者の社会的責任

2018年11月15日　第1刷発行
2024年 5 月15日　第3刷発行

著　者　藤垣裕子（ふじがきゆうこ）

発行者　坂本政謙

発行所　株式会社 岩波書店
〒101-8002 東京都千代田区一ツ橋 2-5-5
電話案内 03-5210-4000
https://www.iwanami.co.jp/

印刷製本・法令印刷　カバー・半七印刷

ISBN 978-4-00-029679-3　　Printed in Japan